根河市
生态文明建设研究

GENHESHI
SHENGTAI WENMING JIANSHE YANJIU

胡兆民 钟林生 等 编著

中国林业出版社
China Forestry Publishing House

图书在版编目(CIP)数据

根河市生态文明建设研究 / 胡兆民等编著. --北京：中国林业出版社，2020.6
　ISBN 978-7-5219-0592-2

Ⅰ.①根… Ⅱ.①胡… Ⅲ.①生态环境建设—研究—根河 Ⅳ.①X321.226.4

中国版本图书馆CIP数据核字（2020）第089030号

中国林业出版社·自然保护分社（国家公园分社）
策划编辑：肖静
责任编辑：许玮　肖静

出版	中国林业出版社（100009　北京市西城区德内大街刘海胡同7号） http://www.forestry.gov.cn/lycb.html　　电话：（010）83143577
发行	中国林业出版社
印刷	北京中科印刷有限公司
版次	2020年6月第1版
印次	2020年6月第1次印刷
开本	787mm×1092mm　1/16
印张	11.25
彩插	12面
字数	260千字
定价	50.00元

未经许可，不得以任何方式复制或抄袭本书的部分或全部内容。

版权所有　侵权必究

《根河市生态文明建设研究》课题组

组长： 胡兆民　　钟林生

成员（按姓氏拼音为序）：

摆万奇　　陈　田　　哈斯额尔敦

贾德春　　李家胜　　李秋艳

刘晓晶　　刘兴山　　刘伟光

牟　操　　秦闻基　　孙　莎

王朋薇　　向宝惠　　袁坤宇

张　野

前 言

PREFACE

工业发展造成的资源、生态和环境问题警醒着人类，激发人类思考和应对，逐步催生了生态文明的诞生。生态文明是继工业文明之后全新的文明形态，是遵循以人、自然、社会和谐共生、良性循环、全面发展、持续繁荣为基本宗旨的社会形态，反映了人类文明发展进步的趋势。党的十九大将"坚持人与自然和谐共生"纳入新时代坚持和发展中国特色社会主义的基本方略，指出"建设生态文明是中华民族永续发展的千年大计，功在当代，利在千秋"，从基本理念、重大地位、战略纵深和体制保障四个方面夯实了基础，奠定了我国新时代生态文明建设的新格局，具有划时代的意义。

根河市位于大兴安岭腹地，自然资源丰富，生态环境优良，是国家重点生态功能区，是祖国北疆生态安全屏障的重要组成部分，是内蒙古自治区唯一的纯林业旗市。良好的生态环境需要严格保护和科学利用，根河市将生态文明建设作为统筹推进"五位一体"总体布局和协调推进"四个全面"战略布局的重要内容，全面落实中央生态文明建设决策部署，把生态建设纳入各乡镇党政干部的考核指标，大力加强森林资源培育，促进生态自我修复，做好污染防治，坚持绿色发展，生态文明建设取得显著成效。2019年11月16日，生态环境部授予根河市"国家生态文明建设示范市"称号。

为贯彻落实新时代生态文明建设的新要求，深化国家生态文明建设示范市创建工作，巩固和提升根河市的生态文明建设水平，在根河市委、市政府的组织支持下，笔者课题组在2018—2019年承担的《根河市生态文明建设总体规划》和《根河市生态文明建设示范市创建规划》工作基础上开展本研究，以期为根河市生态文明建设提供科技支撑与政策建议，并为我国其他县域生态文明建设实践提供借鉴。

本书运用文献研究、现场调查、专家访谈、数理统计等方法，分析了根河市生态文明建设基础条件，确定了根河市生态文明建设总体定位与思路、指导思想、原则与目标以及指标体系，构建了包括生态空间体系、生态安全体系、环境支持体系、生态经济体系、生态文化体系、生态惠民体系、生态宜居体系、生态制度体系等方面的根河市生态文明建设总体框架，并筛选出根河市生态文明建设的工程项目清单，最后提出根河市生态文明建设的保障措施。

本书由课题组成员共同合作完成，课题研究过程中，参阅和吸纳了中央和地方政策公文，还得到了内蒙古自治区生态环境厅、呼伦贝尔市生态环境局、根河市委、根河市政府以及根河市生态环境局、文化和旅游局等相关部门的宝贵建议与大力支持，并得到了中国科学院郑度院士、北京大学沈泽昊教授、中国农业大学吴文良教授、中国环境科学研究院李俊生研究员、吕世海研究员与徐延达副研究员、生态环境部南京环境科学研究所陈飞副研究员、大连民族大学李政海教授、内蒙古自治区环境科学研究院李现华研究员和孙静萍高级工程师、呼伦贝尔大学尹立军教授、呼伦贝尔市生态站赵家明高级工程师等专家的指导与帮助，在此表示诚挚的感谢！并感谢中国林业出版社为本书出版提供的支持。

本书可供我国生态文明建设领域的教学与研究人员、政府部门管理者和规划设计从业者，以及大专院校相关专业的本科生、专科生和研究生阅读和参考。由于水平有限，本书难免存在一些缺陷与不足，敬请读者批评指正。

编著者

2020年3月

目 录
CONTENTS

第一章 绪 论 ·· **001**
    一、研究背景 ··· 001
    二、研究目的与意义 ··· 003
    三、研究文件依据 ·· 004
    四、研究方法与技术路线 ·· 005
    五、研究内容 ··· 007
    六、生态文明内涵 ·· 009

第二章 根河市概况 ·· **011**
    一、行政区划与人口状况 ·· 011
    二、生态文明建设的自然条件 ······································ 012
    三、生态环境质量现状 ··· 014
    四、社会经济发展现状 ··· 015

第三章 生态文明建设基础分析 ······································· **018**
    一、资源环境承载力分析 ·· 018
    二、生态环境演变趋势判断 ··· 025
    三、社会经济发展预测 ··· 030
    四、生态文明建设的机遇、优势与挑战 ························ 031

第四章 生态文明建设总体战略 ······································· **034**
    一、总体定位 ··· 034

二、总体思路 ··· 034
　　三、建设指导思想 ··· 035
　　四、建设原则 ··· 035
　　五、建设目标 ··· 036

第五章　建设指标体系 ··· 039
　　一、指标体系构建 ··· 039
　　二、指标解析 ··· 041
　　三、指标可达性分析 ··· 048
　　四、构建目标责任体系 ··· 048

第六章　生态空间体系建设 ··· 051
　　一、国土空间格局优化思路与目标 ··· 051
　　二、国土空间利用现状及存在问题 ··· 052
　　三、主体功能区划分 ··· 055
　　四、生态文明建设分区方案 ··· 058

第七章　生态安全体系建设 ··· 063
　　一、生态功能区建设 ··· 063
　　二、自然生态系统保护 ··· 065
　　三、生物多样性保护 ··· 066
　　四、自然保护地建设 ··· 067
　　五、生态建设和修复 ··· 070

第八章　环境支持体系建设 ··· 073
　　一、大气环境保护 ··· 073
　　二、水环境保护 ··· 075
　　三、土壤环境保护 ··· 078
　　四、声环境保护 ··· 079
　　五、固体废弃物处理 ··· 080
　　六、基础设施建设 ··· 082
　　七、监管能力建设 ··· 086

第九章　推动生态经济发展·······088

　　一、产业布局和生态功能区划的一致性分析·······088
　　二、生态经济体系构建·······089
　　三、第一产业发展·······090
　　四、第二产业发展·······093
　　五、生态旅游业·······098
　　六、现代服务业·······105

第十章　积极弘扬生态文化·······107

　　一、生态文化传承弘扬·······107
　　二、生态文明意识培育·······112
　　三、生态文明共建共享·······114

第十一章　加快推进生态惠民·······117

　　一、生态为民策略·······117
　　二、生态富民措施·······118
　　三、生态惠民途径·······119

第十二章　生态宜居体系建设·······126

　　一、根河市人居环境现状与问题·······126
　　二、生态宜居体系建设思路·······126
　　三、打造生态宜居城镇·······128
　　四、城乡景观建设·······130
　　五、创建生态文明建设示范乡镇·······132
　　六、加快设施生态化·······134
　　七、践行绿色生活方式·······135

第十三章　构筑生态文明制度体系·······137

　　一、源头保护制度·······137
　　二、过程严管制度·······140
　　三、后果严惩制度·······142
　　四、环境经济政策·······149
　　五、健全市场运行机制·······149

第十四章　建设项目与收益分析……………………………………………151
　　一、项目集成………………………………………………………………151
　　二、投资预算………………………………………………………………159
　　三、效益分析………………………………………………………………159

第十五章　建设保障措施……………………………………………………161
　　一、强化组织领导…………………………………………………………161
　　二、健全落实机制…………………………………………………………162
　　三、加强执法与监管………………………………………………………163
　　四、严格目标考核…………………………………………………………164
　　五、人才培养与引进………………………………………………………164
　　六、加强科技支撑…………………………………………………………166
　　七、推进区域合作…………………………………………………………166

主要参考文献…………………………………………………………………169

附　图
　　附图1　根河市交通现状…………………………………………………171
　　附图2　根河市地形坡度分析……………………………………………172
　　附图3　根河市水系分布…………………………………………………173
　　附图4　根河市主体功能区划……………………………………………174
　　附图5　根河市生态文明建设空间布局…………………………………175
　　附图6　根河市自然保护地体系…………………………………………176
　　附图7　根河市城镇开发边界范围………………………………………177
　　附图8　根河市生态廊道规划……………………………………………178
　　附图9　根河市环境监测站点规划………………………………………179
　　附图10　根河市绿色食品加工布局………………………………………180
　　附图11　根河市生态旅游业空间布局……………………………………181
　　附图12　根河市生态空间保护工程………………………………………182

第一章
绪 论

生态文明是一种全新的社会文明形态,实践生态文明是世界发展的趋势,也是人类文明发展的必由之路。特别是在我国,建设生态文明是二十一世纪党的执政理念的重要创新,是推动国家治理体系和治理能力现代化的重要举措,是关系中华民族永续发展的根本大计,也是我国世世代代永葆幸福的重要基础。根河市作为国家重点生态功能区,是祖国北疆生态安全屏障的重要组成部分,生态文明建设意义重大。

一、研究背景

党的十八大把生态文明建设纳入中国特色社会主义事业"五位一体"总布局,中共十八届三中全会通过《中共中央关于全面深化改革若干重大问题的决定》,提出紧紧围绕建设美丽中国深化生态文明体制改革,加快建立生态文明制度,健全国土空间开发、资源节约利用、生态环境保护的体制机制,推动形成人与自然和谐发展现代化建设新格局。2015年3月24日,中共中央政治局通过《关于加快推进生态文明建设的意见》,要求深入开展生态文明先行示范区建设,形成可复制可推广的有效经验。2015年9月11日,中共中央政治局审议通过《生态文明体制改革总体方案》,方案明确了推进生态文明体制改革的基础性框架,实施大气、水、土壤污染防治行动计划,为我国生态文明建设谋篇布局。2018年3月11日,十三届全国人大一次会议第三次全体会议通过了《中华人民共和国宪法修正案》,将"生态文明"写入宪法。2018年5月18日至19日在北京召开第八次全国生态环境保护大会,会议确立了习近平生态文明思想,为推动生态文明建设、加强生态环境保护提供了坚实的理论基础和实践动力,习近平总书记在会议讲话中强调,生态文明建设是关系中华民族永续发展的根本大计。2019年3月5日,习近平总书记参加十三届全国人大二次会议内蒙古代表团审议时强调,要保持加强生态文明建设的战略定力,探索以生态优先、绿色发展为导向的高质量发展新路子,加大生态系统保护力度,打好污染防治攻坚战。

为贯彻落实党中央、国务院关于加快推进生态文明建设的决策部署，鼓励和指导各地以国家生态文明建设示范区为载体，以市、县为重点，全面践行"绿水青山就是金山银山"理念，积极推进绿色发展，不断提升区域生态文明建设水平，生态环境部2016年制定了《国家生态文明建设示范区管理规程（试行）》和《国家生态文明建设示范县、市指标（试行）》，在应用实践的基础上，结合生态文明建设新形势，2019年9月正式发布了修订的《国家生态文明建设示范市县管理规程》和《国家生态文明建设示范市县建设指标》，从生态制度、生态安全、生态空间、生态经济、生态生活、生态文化六个方面共设置了40项指标，进一步规范了示范建设，提升了建设标准，为深化示范市县建设提供了新坐标、新方位，也为加快建设美丽中国提供了新动力。从2017年9月授予第一批国家生态文明建设示范市县开始，截止到2019年底，全国已有3批共175个国家生态文明建设示范市县。

内蒙古自治区横跨"三北"、毗邻八省，是我国北方面积最大、种类最全的生态功能区，生态状况不仅关系全区各族群众生存发展，也关系东北、华北、西北乃至全国的生态安全。内蒙古自治区党委、政府高度重视生态文明建设，2015年印发《关于加快推进生态文明建设的实施意见》《关于加快生态文明制度建设和改革的意见及分工方案》；在全国率先制定《党委、政府及有关部门环境保护工作职责》，明确党委、政府及39个部门环境保护工作职责；全面启动耕地、水资源、林地红线划定工作，初步完成基本草原的划定；深入推进"多规合一"试点改革工作和国家主体功能区试点示范；将呼伦贝尔市确定为领导干部自然资源资产离任审计试点，制定了《内蒙古探索编制自然资源负债表的总体方案》《大兴安岭重点国有林区改革总体方案》，在呼伦贝尔市、赤峰市开展森林、草原、湿地资源资产实物量核算账户试点。

根河市位于呼伦贝尔市北部，大兴安岭北段西坡，是国家重点生态功能区中的森林生态功能核心区，也是内蒙古自治区唯一的纯林业旗市。为了保护根河市的生态环境，落实贯彻呼伦贝尔市委、呼伦贝尔市人民政府关于开展生态市创建工作的决定，2007年根河市政府编制了《根河生态市建设规划》。在该规划的指导下，根河市坚持绿色富市、绿色富民，加强生态系统保护，实施重大生态工程，开展环境综合整治，推动形成绿色发展方式和生活方式。特别是中共十八大以来，根河市以更严要求、更硬措施、更高标准，大力推进生态文明建设工作，不断加大环境治理力度，持续推动环境基础设施建设，持续完善环境管理体系，创造良好的生产生活环境，大力发展生态旅游和现代服务业，不断探索我国北疆林业城市生态文明的建设路径。随着生态文明建设的不断深入，《根河生态市建设规划》已不能满足根河市对生态文明建设上的需求。在上述背景下，根据国家与内蒙古自治区生态文明建设新形势、新要求，为了紧跟国家生态文明建设步伐，进一步巩固和提高根河市的生态文明建设水平，确保根河市国家生态文明建设示范市各项指标得到进一步提升，不断增强根河市人民群众的获得感、幸福感，在根河市人民政府及相关部门的支持下，笔者开展本研究，以期为根河市生态文明建设提供科技支撑。

二、研究目的与意义

(一)研究目的

本书旨在习近平新时代中国特色社会主义思想的指导下,遵循人与自然和谐共生、可持续发展的客观规律与实践准则,立足于生态文明建设的基本理论、国内外的实践探索以及根河市市情,分析根河市生态文明建设的基础条件,提出根河市生态文明建设总体战略和指标体系,探索具有根河特色的生态文明建设路径与措施,推动建设生态经济高效、生态环境优美、人居环境和谐、生态制度完善、生态文化繁荣的美丽根河,以保障根河市的社会经济与生态可持续发展,筑牢我国北疆生态安全屏障,并为其他县市域生态文明建设提供借鉴。

(二)研究意义

1. 有助于破解根河市生态环境保护难题,协调经济社会发展中各类矛盾

根河市在发展中存在一系列生态环境保护难题,如城镇污水处理率和垃圾处理率较低,缺乏统一的工业和医疗废物处置中心,地区生产总值能耗较高等,这些问题的存在导致根河市经济社会发展中的各类矛盾日益突出。根河市响应国家生态文明建设战略,形成新的发展理念和思维,有助于在市域尺度构建生态文明制度,破解根河市发展中生态环境保护难题,进一步协调经济社会发展中各类矛盾,转变社会经济发展方式,利用根河市生态优势和发展潜力,实现发展与保护的内在统一、相互促进,为子孙后代创造更大的发展空间。

2. 为根河市探索出一条具有中国特色的森林资源型城市可持续发展之路

天然林商业性采伐全面停止后,根河市主体功能由以木材生产为主转变为生态修复建设为主,由利用森林获取经济利益为主转变为保护森林、提供生态服务为主,发展内涵发生了深刻的变化。在新的时代背景下,如何转变林区发展方式,走出一条在保护中发展、在发展中保护的林区可持续发展之路成为重要的课题。生态文明建设有助于贯彻落实根河市"生态立市、绿色发展"战略,守住"发展、民生、生态"三条底线,建设"两美根河(美丽根河、美好生活)",探索出一条符合根河实际的森林资源型城市可持续发展之路。

3. 根河市生态文明建设对于保障我国生态安全具有重要的作用

根河市是国家重点生态功能区中的森林生态功能核心区,保存着天然的、较为完整的寒温带森林和湿地生态系统,根河市的生态功能对保障我国生态安全具有独特的屏障作用。而在过去的几十年,根河市经历了通过砍伐树木进行木材生产的发展模式,而这种发展模式无疑对根河市的生态环境造成了较大的影响。生态文明建设有利于进一步优化根河市的国土空间格局、形成绿色高效的生态经济体系、建立完善的生态安全和环境支持体系,将根河市建设成为我国北方重要的生态安全屏障区。

4. 满足人民群众对良好生产生活环境的期盼

保护生态环境就是保障民生,改善生态环境就是改善民生。生产生态产品和生产其他物质产品一样重要,是人民群众的迫切需求。要顺应人民群众对良好生态环境和生态产品的新期待新需求,加快推进生态文明建设,让广大人民群众享有更多的绿色福利、生态福祉。根河市生态文明建设有助于体现"以人为本"发展理念,协同推进新型工业化、城镇化、信息化、农业现代化和绿色化,构建"五位一体"文明社会,将为根河市乃至全国人民提高更多优质的生态产品,充分满足人民群众对良好生产生活环境的期盼。

5. 丰富和完善县域生态文明建设理论

县级是最为重要的行政单位之一,生态保护的成效怎样,实际上很大程度取决于全国县区的生态文明建设状况。改革开放以来,县域经济得到持续高速增长,但同时也付出了巨大的生态环境代价(孙晓静,2015),因此,县域生态文明建设直接影响整个生态文明建设的效果,是建设美丽中国的重要手段和必然途径。根河市在产业结构、生态环境状况等方面具有中国县域单位的典型特征,本书从优化空间开发、推动生态经济发展、强化环境保护、营造生态生活、弘扬生态文化、推进生态惠民等多个方面探讨了根河如何推进生态文明建设,这对于进一步丰富和完善县域生态文明建设理论具有重要的意义。

三、研究文件依据

(一)国家法律、法规、标准和政府文件

《中华人民共和国环境噪声污染防治法》(1997年3月1日起施行)
《全国生态环境保护纲要》(2000年)
《中华人民共和国循环经济促进法》(2008年)
《中华人民共和国水土保持法》(2010年)
《中华人民共和国清洁生产促进法》(2012年)
《大气污染防治行动计划》(2013年)
《中共中央关于全面深化改革若干重大问题的决定》(2013年)
《中华人民共和国环境保护法》(2014年)
《全国生态保护与建设规划(2013—2020年)》(2014年)
《关于推进生态文明建设的指导意见》(中共中央、国务院,2015年)
《全国生态功能区划》(修编版)(2015)
《生态文明体制改革总体方案》(中共中央、国务院,2015年)
《中华人民共和国大气污染防治法》(2016年1月1日起施行)
《中华人民共和国固体废物污染环境防治法》(2016年11月7日修正)
《中华人民共和国国民经济和社会发展第十三个五年规划纲要》(2016年)
《中华人民共和国野生动物保护法》(2016年)
《中华人民共和国水法》(2016年)
《中华人民共和国环境影响评价法》(2016年)
《全国"十三五"生态环境保护规划》(2016年)

《全国生态旅游发展规划》（2016年）
《中华人民共和国水污染防治法》（2017年6月27日第二次修正）
《中华人民共和国自然保护区条例》（2017年10月7日修订）
《中华人民共和国森林法》（2019年修订）
《国家生态文明建设示范市县管理规程》（2019年）
《国家生态文明建设示范市县建设指标》（2019年）

（二）内蒙古自治区相关法律、法规、标准和政府文件

《内蒙古生态环境保护建设纲要》（1999年）
《内蒙古大兴安岭重点国有林区改革总体方案》（2016年）
《内蒙古自治区党委、自治区人民政府关于加快推进生态文明建设的实施意见》（2015年）
《内蒙古自治区生态环境保护"十三五"规划》（2017年）
《内蒙古自治区人民政府关于自治区主体功能区规划的实施意见》（2017年）
《内蒙古自治区人民政府办公厅关于印发划定并严守生态保护红线工作方案的通知》（2017年）
《内蒙古自治区人民政府关于印发自治区国家重点生态功能区产业准入负面清单（试行）的通知》（2018年）

（三）呼伦贝尔市及根河市相关文件

《呼伦贝尔市国民经济和社会发展第十三个五年计划纲要》
《呼伦贝尔环境保护十三五规划》
《根河市国民经济和社会发展第十三个五年计划纲要》
《根河市环境保护"十三五"规划》
《根河市国家主体功能区建设试点示范实施方案（2014）》
《根河市城市总体规划（2001—2020年）》
《根河市土地利用总体规划（2009—2020年）》

四、研究方法与技术路线

（一）研究方法

本书以生态学、地理学、林学、经济学、统计学为基础，采用定性与定量相结合的方法，力求研究结论的客观和科学，具体采用了以下几种方法。

1. 文献研究

通过在图书馆、知网、各级政府官网以及政府统计网站上查阅相关的文献资料并进行分析、归纳和评价，掌握生态文明建设的研究成果和动态。对县域生态文明建设的路径进行思考，结合根河市的实际情况，确定本研究的基本思路并提出理论框架。

2. 现场调查

2017—2018年共进行了4次调研。调查了根河市4镇1乡4个街道办事处，包括金河镇、阿龙山镇、满归镇、得耳布尔镇，敖鲁古雅鄂温克族乡，好里堡办事处、河东办事处、河西办事处、森工办事处。同时还重点考察了根河源国家湿地公园、敖鲁古雅使鹿部落景区、满归伊克萨玛国家森林公园、冷极村等根河市重要景区景点旅游业发展状况。

3. 专家访谈

生态文明建设涉及多个学科领域的知识和理论，因此访谈和咨询了地理学、生态学、环境科学、旅游规划等多个领域的专家，各个领域的专家对本研究涉及的思路框架、具体内容等方面提出了修改意见，同时访谈了呼伦贝尔市、根河市相关部门的领导与工作人员，使本研究更加具有现实指导意义。

4. 数理统计

本书通过横向和纵向的统计数据进行定量分析，采用AHP、熵权法、生态足迹法等多种统计分析方法测度了根河市水资源、土地资源、生态、环境承载力，判断根河市生态环境演变趋势。同时依据2019年印发的国家生态文明示范市县建设指标，测定示范县34项指标的现状值，并对指标的可达性进行分析归类。

（二）研究技术路线

在对根河市的自然、生态环境和社会经济发展现状进行分析和判断的基础上，提出根河市生态文明建设的总体定位、发展定位、总体思路、指导思想、基本原则以及建设目标和指标，明确根河市生态文明建设的具体路径措施与政策保障，为根河市生态文明建设提供理论支撑、实践参考和政策建议（图1-1）。

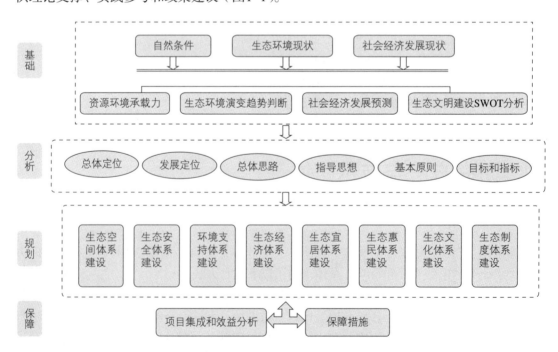

图1-1　根河市生态文明建设研究技术路线

五、研究内容

（一）内容构成

本书共分15章，主要研究内容介绍如下。

第1章，介绍了根河市生态文明建设研究的背景和目的，分析了研究的意义与依据；确定了研究的技术路线与方法；简要概括了研究内容，并从自然观、价值观、生产方式、生活方式四个方面来把握生态文明内涵。

第2章，从地理位置、地形地貌、气候、水文特征、土壤、资源状况六方面介绍根河的自然条件；从大气环境、水环境、乡镇村环境三个方面分析了根河生态环境质量现状；从经济质量、产业培育、民生事业、社会事业、社会管理和政府自身建设等方面分析了根河市社会经济发展状况。

第3章，从水资源承载力、土地资源承载力、环境承载力和生态承载力四个方面分析了根河资源环境承载力；从环境质量演变趋势和生态系统演变趋势对根河生态环境演变趋势做出判断，并对环境与经济协调性做出了评价。

第4章，确定了根河市生态文明建设总体定位、发展思路、指导思想和指导原则；明确了根河市生态文明建设总体目标和阶段目标。

第5章，构建了根河生态文明建设的指标体系，并对具体指标进行了阐释与解析；分析了指标体系的可达性；构建了以改善生态环境质量为核心的生态文明建设目标责任体系。

第6章，分析了根河产业布局和生态功能区划的一致性；构建了根河生态经济体系；从发展思路、发展方向和发展重点、重点任务三个方面分析了第一产业和第二产业的发展；确定了生态旅游业和现代服务业的发展思路、发展布局和主要任务。

第7章，确定了根河国土空间格局优化思路与目标；分析了国土空间开发利用现状及存在的突出问题；将根河主体功能区划分为重点开发区、限制开发区和禁止开发区；从生态空间、农业空间和城镇化空间三个方面确定了根河生态文明建设分区方案。

第8章，加强根河自然保护区、湿地公园、森林公园等自然保护地的建设；严格保护草地和森林生态系统，强化生物多样性保护；从构建生态廊道、加强公益林建设、防止水土流失、建立碳汇交易体系四个方面建设和修复生态环境；从寒温型温润森林生态区、温型湿润半湿润森林生态功能区、自然保护地和城镇生态功能区四个方面建设根河生态安全体系。

第9章，提出了大气环境、水环境、土壤环境和声环境的防治和修复；提出了固体废弃物的利用、分类、清运和处理途径；重点建设环境监测、污水处理和垃圾处理等基础设施；从构建突发性环境事故防范与应急体系、定期发布环境质量信息和落实生态环境损害补偿制度三个方面提高根河生态环境监管能力建设。

第10章，弘扬和传承根河生态文化；通过完善生态文明教育和宣传培育生态文明意识；鼓励生态文明共建共享。

第11章，从教育、医疗、养老、文化、信息、社会救助、就业创业等方面阐述如何加快推进生态惠民。

第12章，分析了根河人居环境现状与问题；确定了生态宜居体系规划思路；着力打造城镇生态人居；加强根河城乡景观建设；创建生态文明示范乡镇；加快推进设施生态化；践行绿色生活方式。

第13章，明确落实源头保护制度、过程严管制度和后果严惩制度；进一步落实环境经济政策；健全市场运行机制。

第14章，围绕根河市生态文明建设目标，规划相应的建设项目；分析各项目的投资预算，从经济、社会和生态三个方面对项目进行效益分析。

第15章，从强化规划组织领导、健全落实机制、加强执法与监管、严格目标考核、发展科学技术、加强区域合作等方面提出了规划实施保障措施，确保规划顺利完成。

（二）根河市生态文明建设总体框架

本书着力构建生态空间、生态安全、环境支持、生态经济、生态宜居、生态惠民、生态文化和生态制度八大体系（图1-2），形成根河市生态文明建设总体框架。

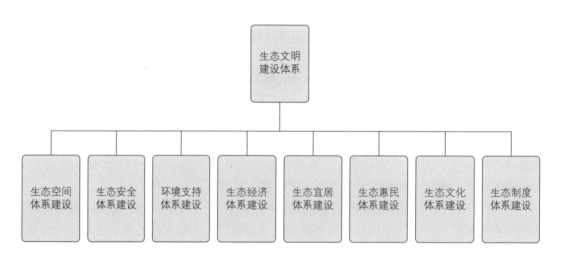

图1-2　根河市生态文明建设总体框架

1. 生态空间体系建设

以主体功能区划为基础，在整个市域范围内形成科学合理的环境功能区划，围绕重要生态功能区划设生态红线，明确城镇开发边界，奠定根河市生态文明建设的基本格局，为生态文明建设提供科学和法制依据。

2. 生态安全体系建设

构建由重点生态功能区、自然生态系统、生物多样性、自然保护地等组成的保护体系，推进生态建设和生态修复，有效管理环境风险，形成以生态系统良性循环和环境风险有效防控为重点的生态安全体系。

3. 环境支持体系建设

完善大气、水、土壤、噪声等环境治理和监测站的建设，加快污水和垃圾处理设施建设，提高突发事件的应急监测和反应能力，定期进行环境信息发布，落实生态环境损坏赔偿制度。

4. 生态经济体系建设

确保生物资源、土地资源、水体资源、景观资源的健康，培育绿色环保的新兴产业，提升改造传统产业，大力实施节能减排，积极发展循环经济，构建产业生态化和生态产业化为主体的生态经济体系。

5. 生态宜居体系建设

为居民提供便利、舒适、优美和有益于健康的城乡人居环境体系。建设城乡生态宜居空间，保护空气、水体等环境质量，加强环境的绿化、美化。

6. 生态惠民体系建设

构建涵盖教育、医疗、养老、就业等全方位的、立体的惠民体系，成为根河市人民实现美好生活的支撑和保障，使根河市百姓能够共享生态文明建设成果。

7. 生态文化体系建设

传承与弘扬生态文化，培育生态文明意识，大力倡导生态伦理和生态道德，努力构建资源节约、环境友好的生产方式、生活方式和消费模式，建立健全以生态价值观念为准则的生态文化体系（任永堂，2000）。

8. 生态制度体系建设

构建生态文明建设的制度保障体系，包括资源环境管理制度、生态维护补救制度、公众参与制度、过程严管制度、政绩考核和责任追究制度等，建立体现生态文明要求的目标体系、考核办法、奖惩机制。

六、生态文明内涵

生态文明是指人类充分发挥主观能动性，认识并遵循自然—人—社会复合生态系统运行的客观规律建立起来的人与自然、人与社会、人与自身和谐协调的良性运行态势，和谐协调、持续全面发展的社会文明形态，它是人类创造的物质成果、精神成果和制度成果的总和，是人类21世纪社会文明发展的必然趋势，是一种新的文明形态（廖福霖等，2019）。生态文明是历史发展阶段中社会文明的更替，是相对于原始文明、农业文明、工业文明的新的社会文明形态，是更高层次的社会文明的理想和实践。

生态文明建设是关系中华民族永续发展的根本大计。面对资源约束趋紧、环境污染严重、生态系统退化的严峻形势，必须树立尊重自然、顺应自然、保护自然的生态文明理念，坚持人与自然和谐共生、绿水青山就是金山银山、良好生态环境是最普惠的民生福祉、山水林田湖草是生命共同体、用最严格制度最严密法治保护生态环境、共谋全球生态文明建设等六项重要原则（赵建军，2019），把生态文明建设放在突出地位，融入经济建设、政治建设、文化建设、社会建设各方面和全过程，努力建设美丽中国，实现中国民族永续发展（黄承梁，2018）。生态文明的内涵可以从自然观、价值观、生产方式、生活方式四个方面来把握。

1. 在自然观上，树立尊重自然、顺应自然、保护自然的理念

生态文明的自然观要求人们在改造自然的过程中，必须遵从客观规律，按客观规律办事。山水林田湖草是生命共同体，要统筹兼顾、整体施策、多措并举，全方位、全地域、全过程开展生态文明建设。在生态文明的建设过程中，正确认识人与自然的关系，在充分考虑自然界对社会发展的制约性基础上，按照客观规律去调节人与自然的关系，坚持人与自然和谐共生，坚持节约优先、保护优先、自然恢复为主的方针，让自然生态美景永驻人间，还自然以宁静、和谐、美丽，以实现人与自然的和谐和社会的永续发展（黄鼎成，1997）。

2. 在价值观上，重视自然资本增值，树立自然价值和自然资本的理念

自然生态是有价值的，保护自然就是增值自然价值和自然资本的过程，就是保护和发展生产力，就应得到合理回报和经济补偿。绿水青山就是金山银山，贯彻创新、协调、绿色、开放、共享的发展理念，加快形成节约资源和保护环境的空间格局、产业结构、生产方式、生活方式，给自然生态留下休养生息的时间和空间。要进一步健全自然资本配置机制，挖掘生态产品的价值，加快完善相关制度条件，拓宽生态产品价值实现机制，探索政府主导、社会各界参与、市场化运作、可持续的生态产品价值实现路径（高晓龙等，2019），使绿水青山不断带来金山银山。

3. 在生产方式上，实现发展与保护的内在统一、相互促进

生态文明谋求社会经济发展与自然生态的协调，改变以往那种高投入、高消耗、高排放、不循环的产业模式。转变发展方式，必须是绿色发展、循环发展、低碳发展，积极推动相关产业流程、技术、工艺创新，努力做到低消耗、低排放、高效益（张坤，2003）。平衡好发展和保护的关系，用最严格制度、最严密法治保护生态环境，加快制度创新，强化制度执行，让制度成为刚性的约束和不可触碰的高压线。按照主体功能定位控制开发强度，调整空间结构，给子孙后代留下天蓝、地绿、水净的美好家园，实现发展与保护的内在统一、相互促进。把握人口、经济、资源环境的平衡点推动发展（高中华，2004），人口规模、产业结构、增长速度不能超出当地水土资源承载能力和环境容量。

4. 在生活方式上，倡导适度消费，树立绿色消费观

传统消费观念是对自然资源无休止的索取，而生态文明的消费观是一种适度节制消费，避免或减少对环境的影响，崇尚简朴、自然和保护生态等为特征的新型消费行为和过程。人类的消费水平必须与生态环境容量相适应，以基本满足人们的物质文化需要为目标，做到适度消费、合理消费、绿色消费，使生态环境能够维持自我修复能力，保证人类社会永续发展（蔡拓，1999）。绿色消费观要求绝大多数消费者具有较高的环保意识，并据此指导自己的消费行为。因此，培育这种新型消费需求需要较长时间，需要通过技术创新、文化宣传、政府决策、法律法规等多方面的力量加以引导。

第二章
根河市概况

根河市是内蒙古自治区呼伦贝尔市一个县级市，地处祖国东北边疆大兴安岭林区北段西北坡，地理坐标为东经120°12′~122°55′、北纬50°22′~52°30′，是中国纬度最高的城市之一。根河市北与东北以大兴安岭主脉为界分别与黑龙江省漠河市、塔河市隔山相望，东邻鄂伦春自治旗，南与牙克石相接，西和西南与额尔古纳市毗邻。南北直线距离最长244.4千米，东西直线距离最宽202.2千米，总土地面积20010平方千米。根河，是蒙古语"葛根高勒"的谐音，意为"清澈透明的河"。

一、行政区划与人口状况

（一）行政区划

1966年，额尔古纳左旗建立后，管辖根河镇、好里堡镇、得耳布尔镇、金河镇、牛耳河镇和满归鄂温克族乡。后几经改制，自2011年起，根据自治区政府〔内政字（2011）144号〕文件批复，根河市市辖4镇1乡4个街道办事处，分别是金河镇、阿龙山镇、满归镇、得耳布尔镇，敖鲁古雅鄂温克族乡，好里堡办事处、河东办事处、河西办事处、森工办事处（附图1）。

（二）人口民族

据根河市公安局人口统计年报数据显示，2019年底根河市总人口130722人，较上年同期减少2989人，同比下降2.2%，出生人口327人，死亡人口1156人。全市总户数57590户，较上年同期减少305户，同比下降0.6%。

从民族构成看，全市汉族人口114296人，占人口总数的87.4%；少数民族人口数16426人，占人口总数的12.6%。在少数民族中，超百人以上的有：蒙古族8369人，满族3397人，回族2694人，达斡尔族878人，鄂温克族440人，朝鲜族328人，俄罗斯族210人。

二、生态文明建设的自然条件

（一）地形地貌

大兴安岭山地是构成根河市地貌的主体，地势大体表现为东北高、西南低。静岭是激流河与根河、得尔布尔河的分水岭，岭南和岭北的地势趋向不同。在静岭以南的根河流域内，地势东北高、西南低，自东北根河上游河源附近平顶山海拔1451米，沿根河河谷向西南至斯捷帕尼哈山，海拔降至1174米，相对高差227米。静岭以北沿激流河谷至满归镇呈狭长"高山盆地"态势，地势南高北低。自激流河左上源金河河源静岭附近海拔1252米，向北沿激流河谷至满归镇北，海拔降至1110米，相对高差150米左右。全市海拔高度700～1300米，平均海拔1000米，最高峰奥科里堆山位于激流河东侧阿龙山镇境内，海拔1530米，次高峰为阿拉奇山，海拔1421米。境内海拔1000米以上的山峰有700余座，其特点是山脉绵缓，山顶平坦，各山之间高差不大（附图2）。

（二）气候

根河市属寒温带湿润森林气候区，仅南端兼有向半湿润森林草原过渡的趋向。主要气候特点是寒冷、湿润、风力小、冬长无夏、春秋相连。气温年、日差较大，光、热、水季节变化明显，南北温差大，雨热同季，降水集中但分布不均。年平均气温-7～-4℃，极端最低气温-58℃，是中国最冷的城市。年平均降水量448.3毫米，主要集中在6～8月。年平均蒸发量910.1毫米，平均相对湿度72%。无霜期较短，为70天左右，冬季积雪长达220天左右，结冰期210天左右。年日照时数平均为2614.1小时，日照百分率平均为57%。全年主导风向为西南风，年平均风速1.7米/秒。

（三）水文特征

根河市地处大兴安岭北部阴坡，受大兴安岭地形和茂密的森林植被影响，产汇流条件好，水蚀作用强，河网最为发育，河网密度系数为0.15～0.25千米/平方千米，合川径流流量丰富。境内河流众多，纵横交错。河长在20千米以上、流域面积超过100平方千米的河流有37条，其中二级支流2条，三级支流23条，四级支流12条；流域面积大于1万平方千米的大河流2条，1000～5000平方千米的中等河流2条，其余均为1000平方千米以下小河流。境内因缺乏形成湖泊的自然条件，湖水面积大于0.1平方千米的湖泊只有1个。根河市河流均属于额尔古纳河水系，一级支流包括根河、激流河和得耳布尔河。境内有命名河流70余条，未注记小溪266条及大量节令性河沟（附图3）。

（四）土壤

根河市地带性土壤以大兴安岭林区典型的地带性土壤——棕色针叶林土为主。山顶岗梁分布有零星粗骨土，沟谷洼地和山涧碟形低地分布有较大面积的沼泽土，河流两岸阶地分布有草甸土等隐域性土壤。全市有4个土类9个亚类11个土属23个土种。土壤垂直分布带谱依次是漂灰土—棕色针叶林土—灰色森林土。海拔1000米以上为漂灰土，海拔800~1000米为棕色针叶林土，海拔800米以下为灰色森林土。棕色针叶林土在全市各地都有分布。漂灰土和灰色森林土的水平分布较为明显，沿大兴安岭主脉伊勒呼里山自南向北，漂灰土分布面积逐渐增多，最北部的满归镇东北部平地也有分布。灰色森林土仅分布在好里堡西南一带。隐域性土壤分布于全市各地。

（五）资源状况

1. 森林资源

根河市森林面积达18359平方千米，森林覆盖率91.7%，是全国森林覆盖率最高的县级市。全市森林蓄积量为1.838亿立方米。无立木林地和宜林荒地面积为106平方千米，占总面积的0.53%；耕地和建设用地等合计面积所占比例不足1%。土地资源利用总体特点是，森林面积占有明显优势，可利用率较高，主要植被类型多由东西伯利亚植物区系和蒙古植物区系构成，区域性差异不明显，宜农宜牧资源相对匮乏，不适宜大面积农牧业发展。

2. 水资源

根河市地表水资源总量为35.9亿立方米，是呼伦贝尔市丰水区之一，水量的地域分布较为均衡。由于地处高寒区，并有永久性冻土分布，降水渗透系数小，不利于盐分积累，故各河流矿化度普遍较低，一般都在100毫克/升以下，是全国河水矿化度低值区之一。水化学类型大部分为HCO_3-Ca型或HCO_3-Ca-Na型，pH在6.5~8.5之间，氯离子含量5~20毫克/升，硫酸根10~30毫克/升，总碱度一般在30~60毫克/升，总硬度15~35毫克/升。主要河流根河发源于大兴安岭伊吉奇山西南侧，河长427.9千米，流域面积15796平方千米，自东北向西南流经根河市、额尔古纳市和陈巴尔虎旗，于四卡北12千米处汇入额尔古纳河，上游乌力库玛水文站断面历年平均径流量8.65亿立方米。

根河市地下水资源亦十分丰富，总量为6.71亿立方米，总补给量为4.29亿立方米，可开采量为0.67亿立方米。地下水的补给来源主要是大气降水。降水充沛，河网发育，地下水补给源充足，且埋藏浅，易成井，水量大，水质好。

3. 生物资源

根河市植物资源主要有维管植物、苔藓植物、藻类植物和真菌等。野果有8科20属30种，主要有越橘（红豆、牙疙瘩）、笃斯越桔（笃斯、都柿、旬果、地果）、山荆子（山丁子）、稠李等。有中草药158科380属696种，其中有野生药用植物75科366种。根河市境内真菌有18科58属114种，其中草药用22种。主要食用菌有桦蘑、油蘑、木耳等。

野生动物约200种（不包括水生动物和两栖爬类），以林栖型为主，分布具有明显的地带性。大型兽类主要有驼鹿、马鹿、棕熊、黑熊、狍子、野猪等。黄鼬、香鼠、灰鼠、艾鼬等数量较多，是主要的狩猎经济动物。鸟类以隼形目、鸮形目、雀形目、鸡形目等鸟类为优势种，主要有花尾榛子鸡、细嘴松鸡、松雀鹰、长尾林鸮等。优势水禽主要有赤麻鸭、绿翅鸭、骨顶鸡。水兽有水獭、水貂。渔猎动物中鱼类资源主要有细鳞鱼、哲罗鱼、狗鱼、鲤鱼、泥鳅、鲫鱼、鲇鱼、东北雅罗鱼、滑子、花鳅等20余种。

4. 矿产资源

根河市处于得尔布干成矿带北东端，得尔布干深大断裂呈北东向展布于市区中部，受其影响，区内地质构造复杂，火山岩浆活动频繁，成矿地质条件优越，金属矿产蕴藏丰富。截至2015年底，全市已发现矿产27种（含亚矿种），其数量占呼伦贝尔市已发现矿产种类的33%。全市已查明或初步查明资源储量的矿产地8处，其中，金属矿产地4处，非金属矿产地1处，矿泉水3处。金属矿产主要有铅、锌、铁、金、银、钼、铜、锰等8种，非金属矿产主要有石灰岩、大理石、石英岩、珍珠岩、石墨、冰洲石、白云岩、建筑用砂、红砖用黏土、矿泉水、地热等15种。根河市矿产资源主要特点：能源矿产资源匮乏，有色金属矿产丰富资源分布集中，开发条件好，但探明的矿产地少；非金属矿产丰富，但查明资源储量的品种单一，资源匹配性差。

5. 旅游资源

根河市地处大兴安岭北麓，山清水秀、风光旖旎。境内群山绵延，河流纵横，林海浩瀚，是动植物的园囿。汗马自然保护区、根河市断桥碧波山风景区、鹿鸣山风景区、伊克萨玛风光、第二北极村满归、潮查原始森林景观区等诸多自然景观，宛如一座天然公园。森林下有大片鲜有人类涉足的静谧幽深的林间湿地和蜿蜒广布的河流滩涂，各类珍稀独特的动植物种群分布于此。根河市境内有多座高峰，它们成为大兴安岭北部地区的地形制高点。奥克里堆山是大兴安岭北部的最高峰，海拔1523米，因其形似日本的富士山，又被称为"中国的富士山"。夏季的根河市气候凉爽宜人，空气清新，适宜休闲避暑；冬季极端寒冷，积雪长达220天左右，寒极体验和冰雪景观成为根河市冬季旅游的重要资源。

根河市还是我国多元文化交汇融合之地，敖鲁古雅文化、蒙元文化、北方少数民族文化、森工文化等在这里留下众多遗迹。特别是敖鲁古雅鄂温克民族驯鹿游猎的独特民族风情，构成了引人瞩目的人文景观。敖鲁古雅鄂温克族乡被国家文化部命名为2011—2013年度"中国民间文化艺术之乡"，被内蒙古自治区命名为"驯鹿文化之乡"和"桦树皮文化之乡"，其"驯鹿习俗""桦树皮手工制作技艺"和"鄂温克族萨满舞"被纳入国家级非物质文化遗产名录，2013年获得第五届国际驯鹿养殖者代表大会主办权，在国内外具有广泛的影响。

三、生态环境质量现状

根河市地处大兴安岭林区核心区域，天然林资源保护工程实施后，林业生产转变为以生态保护为主，人类活动对自然生态系统的影响逐渐降低，植被迅速恢复，植被覆盖率高，野生动物个体和种群数量不断扩大，生态环境日益改善。目前，根河市已入选"2017年全国百佳深呼吸小城"候选名单，满归、阿龙山、金河三镇和敖鲁古雅鄂温克族乡荣获"全国环境优美乡镇"称号。

（一）大气环境质量

根河市大气环境质量良好，城市空气质量优良天数比率达到98.7%。非采暖期SO_2（二氧化硫）、NO_x（氮氧化物）、TSP（总悬浮颗粒物）能达到国家二级质量标准，采暖期除SO_2外，NO_x、TSP均有不同程度的超标现象发生，但并不严重。根河市区工业燃煤大气污染约占大气污染总负荷的32%，城市生活废气占68%，其中，生活燃煤是市区大气污染的主要贡献者。

（二）水环境质量

根河市境内林草繁茂，植被良好，河流含沙量甚小，天然水质优良，几乎没有污染。通过实施水源地保护工程，根河市水质一直保持或优于Ⅲ类水体，集中式饮用水水源地优质优良比例达到100%。

（三）乡镇环境质量

乡镇地表水所测指标均能达到《地表水环境质量标准》（GB 3838—2002）Ⅱ类水质标准，满足水环境功能要求；SO_2、NO_2（二氧化氮）、TSP均符合《环境空气质量标准》（GB 3095—2012）二级标准，满足环境功能区要求；声环境质量监测表明，噪声值均达到《城市区域环境噪声标准》（GB 3096—2008）Ⅱ类标准，满足声环境功能要求。存在的主要问题是，多个乡镇缺少污水和垃圾集中处理设施，生活污水积存下渗有污染地下水的风险。

（四）生态环境趋势

生态环境状况指数（EI）是评价区域生态环境质量整体状态的综合指标，指标体系包括生物丰度指数、植被覆盖指数、水网密度指数、土地胁迫指数、污染负荷指数和环境限制指数，分别反映被评价区域内生物的丰贫、植被覆盖的高低、水的丰富程度、遭受的胁迫强度、承载的污染物压力等状况。根河市2011年生态环境状况指数（EI）为75.16，符合《国家生态文明建设示范市县建设指标》中"≥60"的标准，2014年生态环境状况指数提高到78.9，呈现上升趋势。

四、社会经济发展现状

（一）经济质量得到提升

根河市积极调整产业结构，夯实发展基础，2018年全市地区生产总值完成32.42亿元，同比增长4.2%。限额以上固定资产投资完成2.97亿元。规模以上工业增加值同比增长12.5%。城镇常住居民人均可支配收入完成26719元，同比增长6.9%。社会消费品零售总额完成22.42亿元，同比增长5.7%。一般公共预算收入完成8776万元，同比增长2.3%。2017年，金融助推实体经济成效显著，存贷比提高5.8个百分点。民营经济持续发展，非公经济增加值占地区生产总值比重预计达45%。

（二）产业培育步伐加快

大力发展全域旅游，积极做精第一产业，整合第二产业，做强第三产业，推进新兴业态融合发展。

特色种养业结构进一步优化。通过"龙头企业+合作社+种养户+电子商务"的模式，不断扩大黑木耳、灵芝、卜留克种植规模。加快驯鹿产业发展，加快建设驯鹿引种繁育中心，与中国农业科学院特产研究所深化合作，开展了驯鹿引种繁育和提纯扶壮工作。敖鲁古雅鄂温克族乡驯鹿被列入《国家级畜禽遗传资源保护名录》，被命名为"敖鲁古雅驯鹿"。

绿色农畜林产品生产加工不断做强。加快传统产业在转型升级中整合集聚发展。阳光食用菌灵芝深加工项目和宏源公司矿泉水生产项目进展顺利。支持木材加工企业通过进口解决生产原料不足的问题，引导企业加大木制工艺品研发力度，提高木屋市场占有率，木材加工生产实现产值6400万元。矿产开发有序开展，重点推进比利亚矿业3000吨/日铅锌选厂建设、山金矿业3000吨/日铅锌采选项目试车运行、森鑫矿业2000吨/日铅锌矿采选项目竣工验收工作，争取实施森鑫矿业3000吨/日选厂改扩建项目。

旅游产业蓬勃发展。高质量完成自治区旅游发展大会筹备任务，圆满完成自治区冰雪旅游那达慕、呼伦贝尔市首届旅游发展大会承办工作。制作《这里是根河》宣传片，完成《根河市全域旅游发展总体规划》编制工作。进一步完善敖鲁古雅使鹿部落景区设施，建设了敖鲁古雅太阳城、使鹿鄂温克猎民之家、希温乞亚广场、吊桥景观、停车场等工程。加大了根河源国家湿地公园、冷极村基础设施建设。启动全市旅游标识系统规划工作。开展"四季根河"获奖摄影作品巡展。成功举办第五届中国冷极节，打造了全国第一家冰雪主题酒店，"敖鲁古雅使鹿部落"在全国知名度得到提升，"中国冷极"成为中国冷资源高地，冬季旅游实现了实质性的突破。根河市被评为全国森林旅游示范市、全国自驾游目的地试点城市。敖鲁古雅鄂温克族乡被中国摄影家协会授牌"摄影小镇"。全市旅游人数和旅游收入持续增长。

新兴产业提档升级。扶持电商创业主体入驻创业园，引进全国知名电商平台入驻根河，建设"供销e家·根河特色馆"及"京东·中国特产·根河馆"线上销售平台和线下体验店，实现了线上线下融合发展。体育产业快速成长，编制完成《根河市体育及相关产业发展规划》，承办了呼伦贝尔市青少年田径运动会，成功举办了夏季和冬季马拉松赛事，根河市被自治区体育局确定为全区唯一的马拉松训练基地。

（三）民生事业全面发展

2017年，根河市民生领域支出12.8亿元，占一般公共预算支出的77.1%。完成市创业园建设，入园企业达17家。城镇新增就业1286人，城镇登记失业率控制在3.9%。不断完善社会保障体系建设，实现跨省异地就医直接结算。顺利完成全市企业退休人员养老金增调工作。推进提高低保标准及规范化管理工作。稳步推进社会福利和老龄工作。提高社区工作人员待遇。改善环卫工人工作条件。深入开展低收入群体帮扶工作。

（四）发展条件明显改善

城镇规划建设管理水平稳步提高，城市功能逐步完善，城市面貌焕然一新。进一步改善群众居住环境，实施城镇园林绿化工程，改造棚户区4080户。全力推进交通基础设施建设，根河市至满归二级公路项目前期工作进展顺利，根河市通用机场升级改造和满归通用机场改扩建工程有效推进。电力保障能力进一步加强,完成海拉尔至根河220千伏输变电项目建设,全市首座220千伏变电站成功投入运行,实现了输变电工程的全线贯通与环网供电。

(五)社会事业全面进步

开展全国义务教育质量监测工作,教育教学质量得到提升。社会体育事业蓬勃发展,2017年建设了4处全民健身活动中心,积极参加并组织各级各类全民健身活动和竞技比赛,取得了优异成绩。实施敖鲁古雅传统驯鹿习俗展演中心和市图书馆建设项目,对敖鲁古雅民俗舞台剧进行改版升级。公立医院改革工作取得新进展,医疗费用稳步下降,投入资金600万元改扩建中蒙医院。圆满完成国家生育状况抽样调查工作和第三次全国农业普查工作。开展自治区民族团结进步示范市创建工作,实施少数民族发展资金项目。档案史志、气象、工会、共青团、妇联、工商联、残联、红十字会、科协等工作都取得了新的进展。

(六)社会管理实现创新

全面深化改革,2017年完成经济、生态领域改革任务21项。推进"多证合一"登记制度改革,强化事中事后监管及"双随机、一公开"工作。地企合作更加紧密,国有林区改革成果得到巩固。严格落实安全生产责任制,强化综合监管和行业监管,安全生产形势持续稳定。加强食品药品监管,保证饮食用药安全。完善各领域应急预案,强化救援物资储备,应急处置能力得到提升。坚持不懈从源头预防和减少社会矛盾,群众诉求得到有效解决。深入开展"平安根河"建设,推进突出治安问题专项整治,社会大局和谐稳定。

(七)政府自身建设得到加强

深入学习贯彻党的十九大精神,全面加强政府系统党的建设和意识形态建设,扎实推进"两学一做"学习教育常态化制度化。加强法治政府建设,充实完善市人民政府《党组工作规则》等工作制度,健全决策程序。狠抓决策执行和工作落实,行政效能不断提升。持续加大政务公开,自觉接受市人大、政协和社会各界的监督,2017年全年办理各级人大代表建议和政协委员提案68件,办复率达100%。严格落实党风廉政建设责任制,切实加强审计监督和行政监察(中共中央办公厅,2015),廉政建设和反腐败工作进一步加强。严格执行作风建设有关规定,政府系统作风建设明显改善。

第三章
生态文明建设基础分析

根河市历来重视生态文明建设与经济、政治、文化和社会建设的整合发展,大力推进绿色循环低碳发展,生态文明建设初具成效。在新时代背景下,需要对资源环境承载力、生态环境、社会经济发展等基础条件以及面临的机遇、优势与挑战做进一步分析,以科学提出生态文明建设的总体战略与具体措施。

一、资源环境承载力分析

基于对根河市水资源、土地资源,以及环境、生态系统承载力的分析,对承载力阈值做出定性和定量上的判断,为根河市生态文明建设提供基础性依据。

(一)水资源承载力分析

水资源承载水平是在一定的技术和管理水平下,区域水资源系统承载的人类发展水平;水资源承载力是水资源承载水平的稳定最大值,即一定的技术和管理水平下,区域水资源系统能稳定承载的人类最大发展水平(刘晓等,2014)。对于水资源承载力,必须强调水资源对社会经济和环境的支撑能力。

1. 测算目标和原则

(1)测算目标

①以根河市为整体,结合市域内的水资源情况,对市域水资源承载力进行定量分析,测算市域合理水资源人口承载容量。

②根据不同乡镇的水资源状况,基于水资源承载力对不同的乡镇进行定性分析,为生态文明建设提供方向。

(2)测算原则

①人均用水量符合根河市实际

根据《城市居民生活用水量标准（GB/T 50331—2016）》或根据标准制定地方用水量标准，结合人口、地理环境和城市经济水平等因素，以满足根河市实际用水情况。

②贯彻定量评价与定性分析结合

定量评价摸清水资源承载力水平相关指标，定性评价推测水资源承载力发展趋势，保护水资源。

③体现可操作性与前瞻性的结合

因为水资源承载力相关计算指标根据时间和自然环境的不同会产生变化，依据当地实际情况使用明确的测算方法和步骤体现可操作性，同时，依据测算结果进行有效评价，实现水资源承载力的预测。

④充分利用数据，减小测算误差

制定行之有效的数据采集和测算标准，并对数据进行有效筛选，减少随机误差以及人工误差，有效减少测算误差。

2. 测算步骤和方法

（1）测算步骤

①对根河市水资源相关数据进行收集与测算。

②确定水资源相关数据合理的情况下对水资源承载力进行测算（包括水资源人口承载力和水资源人口承载指数）。

③对城区和各乡镇的水资源状况进行具体分析，为生态文明建设提供方向。

（2）测算方法

本部分基于人口承载力来评价根河市的水资源承载能力，采用承载力和承载力指数两个指标来进行描述。水资源人口承载力和人口承载力指数计算模型为：

$$B^w = V^w / C^w$$

$$K^w = P^a / B^w$$

$$R^p = (P^a - B^w) / B^w \times 100\% = (K^w - 1) \times 100\%$$

$$R^w = (B^w - P^a) / B^w \times 100\% = (1 - K^w) \times 100\%$$

式中：B^w——水资源人口承载力（人）；

V^w——水资源量（立方米）；

C^w——人均水资源量临界值（立方米/人）；

P^a——实际人口（人）；

K^w——水资源人口承载指数；

R^p——水资源超载率；

R^w——水资源盈余率。

具体评价标准见表3-1。

表3-1 基于水资源承载指数的水资源承载力评价

类型	水资源承载状况	水资源承载力评价指标		
		K^w	R^p	R^w
水资源盈余率	富富有余	<0.33		$R^w \geq 67\%$
	富裕	0.33～0.50		$50\% \leq R^w < 67\%$
	盈余	0.50～0.67		$33\% \leq R^w < 50\%$

(续)

类型	水资源承载状况	水资源承载力评价指标		
		K^w	R^p	R^w
人水平衡	平衡有余	0.67~1.00		$0\% \leq R^w < 33\%$
	临界超载	1.00~1.33	$0 \leq R^p \leq 33\%$	
水资源超载	超载	1.33~2.00	$33\% < R^p \leq 100\%$	
	过载	2.00~5.00	$100\% < R^p \leq 400\%$	
	严重超载	>5.00	$R^p > 400\%$	

根河市雨水充沛、河流密集，但是由于市域内森林面积所占比重非常大，在对水资源量进行测算的时候，要为生态环境留有必需的水资源，应从可提供的水资源量中扣除维持生态环境功能的最小需水量，所以测算的水资源量应为市区和乡镇的最大实际供水量，这里称之为实际水资源量，而水资源人口承载力为实际水资源人口承载力。

3. 测算结果

（1）根河市年平均实际供水量为1800万立方米，根据《内蒙古自治区用水定额》得知，县级市及乡镇人均用水量为85升/人，得出实际供水量所能承载的人口数为57.08万人，水资源人口承载指数为0.25，水资源盈余率为75%，水资源承载状况为富富有余。

（2）工矿企业需要消耗大量的水资源。根河市人均城镇工矿用地为241.80平方米，而得耳布尔镇的人均工矿用地为490.87平方米，所以在以得耳布尔镇总人口用水总量为基准进行水资源调蓄的时候，应当保证当地的工矿企业有充足的水资源可以利用。

（3）根据2014年资料统计，根河市域内有耕地2220.39公顷，其中敖鲁古雅鄂温克族乡和根河市城区内的耕地有1947.07公顷，占总耕地面积的87.69%。耕地面积大，农业灌溉面积大，农业用水量大，所以水资源调蓄也应当考虑到不同乡镇、不同农业用水的实际情况。

（4）总体来说，根河市目前人均用水量充足，并且随着节水、污水合理排放的理念深入民心，水资源将会得到更充分地利用。但是，随着社会经济的发展，人口的增长和产业的集聚对水资源的耗用也会逐渐增加，所以还需要对未来市区和各乡镇进行节水、优化用水定额，控制用水量。

（二）土地资源承载力分析

土地承载力是资源、人口、生态环境等许多领域的热点问题。土地资源承载力是指在一定生产条件下土地资源的生产力和一定生活水平下所承载的人口限度（封志明，1994）。它的主要含义和内容有：第一，强调土地资源承载力是土地资源对生态经济系统良性发展的支持能力；第二，强调生态经济系统的良性发展；第三，强调合适的管理技术，将土地资源承载力的合理配置等技术方面的问题上升到管理的角度和层次。

1. 测算目标和原则

（1）测算目标

①以根河市为整体，结合市域内的土地资源利用情况，对市域土地资源承载力进行定量分析，测算市域合理的土地人口承载容量。

②根据不同乡镇的土地资源使用状况，基于土地资源承载力对不同的乡镇进行定性分

析，为生态文明建设提供方向。

（2）测算原则

①人均粮食消费标准达到国家平均水平。

②贯彻定量评价与定性分析结合。

③体现可操作性与前瞻性的结合。

④充分利用数据，减少测算误差。

2. 测算步骤和方法

（1）测算步骤

①对根河市土地资源相关数据进行收集与测算。

②确定土地资源相关数据合理的情况下对土地资源承载力进行计算（包括土地资源人口承载力和土地资源人口承载指数）。

③结合土地资源承载能力，对城区和各乡镇的土地资源状况进行具体分析，为生态文明建设提供方向。

（2）测算方法

本部分基于土地资源对人口承载总量的测算来评价根河市土地资源承载能力，采用承载力和承载指数两个指标来进行描述，土地资源承载力能反映区域人口与粮食的关系，而土地资源承载指数揭示了区域现实人口与土地资源承载力的关系。其计算模型如下：

$$LCC=G/G_{pc}$$
$$LCCI=P_a/LCC$$

式中：LCC——土地资源承载力（人）；

G——粮食总产量；

G_{pc}——人均粮食消费量（结合前五年中国人均粮食消费量，取值年消费445千克）；

P_a——现实人口数量；

$LCCI$——土地资源承载指数。

具体评价标准见表3-2。

表3-2 基于土地资源承载指数的土地资源承载力评价

类型	土地资源承载指数	评价
粮食盈余地区	$LCCI \leq 0.875$	粮食平衡有余，具有一定的发展空间
人粮平衡地区	$0.875 < LCCI < 1.125$	人粮关系基本平衡，发展潜力有限
人口超载地区	$LCCI \geq 1.125$	粮食缺口较大

3. 测算结果

（1）结合前五年根河市农作物年产量，取G值为4700吨，得出土地人口承载力为1.06万人，土地资源承载指数为13.21，处于严重超载状态，但是由于根河市地处中国最北端，平均气温-4.1℃，同时整个市域森林覆盖率达90%以上，耕地面积极为匮乏，所以粮食产量极低，进而造成土地资源承载指数偏高。根河市整个区域大约有92%的居民的粮食全靠外部供应。

（2）敖鲁古雅鄂温克族乡和根河市城区内的耕地占总耕地面积的87.69%，拥有根河市域最可观的土地承载区域,但地区土地资源承载指数为7.23,仍然大大超出了土地承载指数的临界值。

(3)金河镇和阿龙山镇的耕地面积都为0,所有居民的日常粮食需求都需要外部的供应。

(三)环境承载力分析

环境承载力是在一定时期和一定区域范围内,在维持区域环境系统结构不发生质的改变,区域环境功能不朝恶性方向转变的条件下,区域环境系统所能承受的人类各种社会经济活动的能力(彭再德等,1996);强调环境承载力是自然或人造环境系统在不会遭到严重退化的前提下,对人口增长的容纳能力。它不仅体现了环境系统资源的价值,而且还突出了环境系统与生物和人文系统间的密切作用关系。环境承载力是环境系统的组成与结构的外在功能表现,能够体现环境与人类社会经济活动之间的联系,它是与人类活动压力相对应的概念。环境承载力所研究的对象为"环境系统"而非"生态系统",强调了在维持环境系统功能与结构不发生不利变化的前提下,一定时空范围的环境系统在资源供给、环境纳污和生态服务方面对人类社会经济活动支持能力的阈值。环境承载力具有客观性、相对性、可调性和随机性的特征。

1. 测算目标和原则

(1)测算目标

①以该区域现有的环境质量与当前人们所需求的环境质量之间的差量关系得出根河市环境承载状况。

②对根河市环境承载力进行定性分析。

(2)测算原则

①空气质量、水环境质量相关数据要有时效性。

②充分利用数据做出定性分析。

③体现可操作性与前瞻性的结合。

2. 测算步骤和方法

(1)测算步骤

①对根河市空气质量、水环境质量相关数据进行收集。

②以根河市现有的环境质量与当前人们所需求的环境质量之间的差量关系得出根河市环境承载状况。

③对根河市环境承载力进行定性分析。

(2)测算方法

①空气质量和水环境质量分析

空气质量主要监测项目为SO_2,NO_2,CO(一氧化碳)及PM_{10}(可吸入颗粒物),各项目年均值浓度分别为5微克/立方米、17微克/立方米、0.6毫克/立方米及23微克/立方米。城市空气质量优良天数357天,全年优良天数比例97.8%、空气质量评价为一级(优良)。影响城市环境空气质量的主要污染物为PM_{10},主要来自燃煤烟尘排放、扬尘和汽车尾气排放。

根河市境内地表水资源丰富,地域水量分布均匀。河流含沙量小,天然水质优良,没有污染,宜于水资源开发利用。地下水资源丰富,地下水资源总补给量为6.71亿立方米。

全市全年供水量为1800万立方米，水质达标率为100%。

②现状条件下环境承载力分析

衡量区域环境承载力可从该区域现有的环境质量（S）与当前人们所需求的环境质量（Q）之间的差量关系着手分析。计算公式为：

$$环境承载力=(S-Q)/Q$$

当$S>Q$，环境承载力大于0，表明环境质量处于超载状态；$S<Q$，环境承载力小于0，表明环境质量处于可承载状态；$S=Q$环境承载力等于0，表明环境质量处于临界状态。其中，当$-\infty<(S-Q)/Q<-2$时，为良好承载状态；当$-2\leqslant(S-Q)/Q<-1$时，为中度承载状态；当$-1\leqslant(S-Q)/Q<0$时，为轻度承载状态；当$(S-Q)/Q=0$时，为临界状态；当$0<(S-Q)/Q\leqslant1$时，为轻度超载状态；当$1<(S-Q)/Q\leqslant2$时，为中度超载状态；当$2<(S-Q)/Q\leqslant+\infty$时，为严重超载状态。

根据内蒙古自治区和根河市近几年环境统计年报数据，按照上面的生态环境承载力分析方法，其中，环境质量按照根河市大气环境（PM_{10}、SO_2、NO_2），水环境［氨氮、COD（化学需氧量）、高锰酸盐指数］2014年检测结果，草场环境为林草覆盖率调查结果；根据《根河市生态发展与环境保护"十三五"规划》，大气环境需求值参照《环境空气质量标准》（GB 3095—2012）中环境空气污染物基本项目浓度限值的年平均二级标准；水环境需求值参照《地表水环境质量标准》（GB 3838—2002）中Ⅲ类标准，对根河市环境承载力进行分析，结果见表3-3。

表3-3 根河市2014年环境承载力分析表

区域生态环境承载力		现有值S	需求值Q	$S-Q$	$(S-Q)/Q$	承载情况	承载状态
大气环境质量 毫克/立方米	PM_{10}	0.02	0.07	-0.05	-0.71	+	轻度承载
	SO_2	0.002	0.06	-0.058	-0.97	+	轻度承载
	NO_2	0.02	0.04	-0.02	-0.5	+	轻度承载
水环境质量 毫克/升	氨氮	0.65	1.0	-0.35	-0.35	+	轻度承载
	COD	12	20	-8	-0.4	+	轻度承载
	高锰酸盐指数	3	6	-3	-0.5	+	轻度承载
草场环境	林草覆盖率	96.87%	15.00%	-81.87%	-5.46	+	良好承载

注：+表示可承载状态；0表示临界状态；-表示超载状态。

3. 测算结果

根河市整体环境质量较高，水环境和大气环境各项指标的承载状态均为轻度承载；由于根河市林草覆盖率高达96.87%，测算得知森林环境的承载状态为良好承载。

（四）生态承载力分析

生态承载力是生态系统的自我维持、自我调节能力，资源与环境子系统的供给能力及其可维持的社会经济活动强度和具有一定生活水平的人口数量（高吉喜，2001）。生态承载力的概念包括三层含义：一是生态系统自我调节以及人类的积极作用；二是资源的消耗程度和环境的纳污能力；三是社会经济发展强度和人类消费所带来的压力。其中前两层含义代表生态承载力的支持部分，第三层含义代表生态承载力的压力部分。如果压力部分大于支持部分，那么自然体系将会失去平衡的能力。对生态承载力进行定量分析，最主要的就是确定自然体系维持与调节系统的能力阈值。

1. 测算目标和原则

（1）测算目标

①以根河市为整体，利用生态足迹法，计算出根河市生态足迹和生态承载力。

②根据所得结果做出前瞻性推断，为根河市生态文明建设提供方向。

（2）测算原则

①主观指标与根河实际情况相结合。

②贯彻定量评价与定性分析结合。

③体现可操作性与前瞻性的结合。

④充分利用数据，减少测算误差。

2. 测算步骤和方法

（1）测算步骤

①测算方法的选定（生态足迹法）。

②计算出生态足迹和生态承载力，并得出生态承载指数。

③结合生态承载能力和生态足迹，做出根河市生态环境定性分析，为生态文明建设提供方向。

（2）测算方法

任何个人或区域人口的生态足迹，应该是生产这些人口所消费的所有资源和吸纳这些人口所产生的废弃物而需要的生态生产性土地面积总和。在计算中，不同的资源和能源消费类型均被折算为耕地、草地、林地、建筑用地、化石燃料用地和水域六种生物生产土地面积类型。考虑到六类土地面积的生态生产力不同，因此将计算得到的各类土地面积乘以一个均衡因子。生态足迹法从一个全新的角度考虑人类及其发展与生态环境的关系，通过跟踪区域能源与资源消费，将它们转化为这种物质流所必需的各种生物生产土地的面积，即人类的生物生产面积需求。在计算生态足迹的思路上，将现有的耕地、牧地、林地、建筑用地、水域的面积乘以相应的均衡因子和当地的产量因子，就可以得到生态承载力。为了便于直接对比，将不同国家或地区的某类生物生产面积所代表的局部产量与世界平均产量对比的差异，即"产量因子"来调整。出于谨慎性考虑，在计算生态承载力时，还应扣除12%的生物多样性保护面积。计算公式如下。

生态足迹计算公式：

$$EF = N \times ef = N \times rj \times \sum_{i=1}^{n}(aai) = N \times rj \times \sum_{i=1}^{n}(ci/pi)$$

式中：EF——总的生态足迹；

N——人口数；

ef——人均生态足迹；

i——消费商品和投入的类型；

c_i——第i种商品的人均消费量；

p_i——第i种消费商品的平均生产能力；

aa_i——人均第i种交易商品折算的生物生产面积；

r_j——均衡因子；

j——生物生产性土地类型。

生态承载力计算公式：

$$EC=\sum_{j=1}^{n}(a_j \times r_j \times y_j)$$

式中：EC——生态承载力（公顷）；

j——土地类型；

a_j——j种土地类型的实际面积；

r_j——均衡因子；

y_j——产量因子。

3. 测算结果

经过计算得出根河市总生态承载力为1558718.04公顷，人均生态承载力为11.13公顷；由于缺少根河市市民在林地中进行生产生活的总面积数据，这里假设林地资源生态足迹占总生态足迹的80%，所得根河市总生态足迹为119945.93公顷，人均生态足迹为0.86公顷，远远小于根河市人均生态承载力。从数据中可以看出，根河市生态承载能力强，远远超出了生态足迹所需，其中大部分供给都来自林地。森林资源是根河市的优势资源，可充分发挥林地的利用潜力，在宜林荒山、荒地营造人工林，扩大林地面积，提高森林覆盖率，同时可充分利用林下资源，对林下资源进行合理的开发与利用。

二、生态环境演变趋势判断

（一）环境质量演变趋势

根据《根河市国民经济和社会发展第十三个五年规划纲要》，根河市以提高城镇环境质量为核心，分别从源头、末端对不同的污染物进行协同治理，同时实行最严格的环境保护制度。

1. 加强大气污染防治

加大热电企业工业废气治理力度，完成全部机组的脱硫脱硝改造。推行洁净煤技术，引导企业开发和采用高效的废气治理技术和综合资源利用技术。加快建设热电联产和代木能源项目，取缔效率低、排放不达标的小锅炉，减少木材、燃煤消耗。加强对重点企业的节能减排考核，扩大污染物总量控制范围，将细颗粒物等环境质量指标列入约束性指标。加强建筑施工、道路运输、储煤灰场等环境管理，有效控制扬尘污染。推广使用清洁能源，鼓励利用风能、太阳能等清洁能源。保护和发展森林资源，增强森林吸收废气、清洁空气的能力。

到2020年，全年空气质量达到国家二级标准。2035年，全年空气质量达到国家一级标准。

2. 加强水污染防治力度

按照《水污染防治计划》的部署要求，结合根河市实际，制定并落实配套措施，加强对排污企业的管理，监督企业按标准排放废水，严格执行环境影响评价和"三同时"制度。加快市区污水管网、污水保温厂和雨水排放工程建设，加大黑臭水体综合整治力度，实现市区雨污分流、集中处理、统一排放。推进乡镇污水处理设施建设，提升城镇污水处理能力。推进种养业废弃物资源化利用、无害化处置。加强水资源开发利用管理，实行最严格的水资源管理制度，以水定产、以水定城，编制节水规划，建设节水型社会。实施雨洪资源利用、再生水利用，建设国家地下水监测系统，开展地下水超采区综合治理。

做好饮用水水源地保护工作，完善城镇供水水质监测体系。到2020年，主要河流控制断面水质达到功能区标准，饮用水水质达标率达到100%，污水处理厂集中处理率达到100%，工业污水实现达标排放，工业水重复利用率达到40%以上。到2025年，工业水重复利用率达到65%以上。到2035年，工业水重复利用率达到90%以上。

3. 合理处置利用固体废弃物

以减量化、资源化、无害化为原则，加强固体废弃物污染防治，建立较为完善的固体废弃物处理体系，在城市中推行垃圾分类处理，促进废弃物回收和循环利用，发挥市区垃圾处理场的作用，加快推进得耳布尔、金河、阿龙山、满归各镇的垃圾处理项目建设。

2020年，市区供水普及率达到72%，生活垃圾无害化处理率达到90%以上。到2025年，市区供水普及率达到95%，生活垃圾无害化处理达到100%。2035年，市区供水普及率达到100%。

根据规划及发展情势预测，在2020年，根河市水环境质量和大气质量将得到明显的提升，主要河流控制断面水质达到功能区标准，全年空气质量达到国家二级标准，全市生活垃圾无害化处理率达到90%以上，污水处理厂集中处理率达到100%，市域环境质量得到全面提升。到2035年，根河市水环境和大气质量的各方面都将达到最优化状态，全年空气质量达到国家一级标准，生活垃圾无害化处理达到100%。

（二）生态系统演变趋势

在生态文明建设过程中，通过对根河市生态资产保持率进行分析，可以发现根河市生态系统演变趋势。

"生态资产"从广义上来说是一切生态资源的价值形式；从狭义上来说是某地区拥有的、能以货币计量的，并能带来直接、间接或潜在经济利益的生态经济资源。生态资产评估是从经济价值角度，运用科学方法，对生态资产的各种类型经济价值及总价值进行评定和估算。

根据实际情况，对根河市的生态资产进行价值评估时，首先要计算得出根河市各类生态系统的服务价值。生态系统服务价值主要分为四大类：供给服务、调节服务、支持服务和文化服务。其中，供给服务包括食物生产和原材料生产；调节服务包括气体调节、气候调节、水文调节和废物处理；支持服务包括保持土壤、维持生物多样性；文化服务主要为提供美学景观。详见表3-4。

表3-4 生态服务类型的划分

一级类型	二级类型	生态服务的定义
供给服务	食物生产	将太阳能转化为能食用的植物和动物产品
	原材料生产	将太阳能转化为生物能，给人类做建筑物或其他用途
调节服务	气体调节	生态系统维持大气化学组分平衡，吸收SO_2、氟化物、氮氧化物
	气候调节	对区域气候的调节作用，如增加降水、降低气温
	水文调节	生态系统的淡水过滤、持留和储存功能以及供给淡水
	废物处理	植被和生物在多余养分和化合物去除和分解中的作用，滞留灰尘
支持服务	保持土壤	有机质积累及植被根物质和生物在土壤保持中的作用，养分循环和积累
	维持生物多样性	野生动植物基因来源和进化、野生植物和动物栖息地
文化服务	提供美学景观	具有（潜在）娱乐用途、文化和艺术价值的景观

不同生态系统类型所提供的生态服务价值有所不同，例如在食物生产中，耕地所产生的生态服务价值最大，在气体调节和水源涵养方面，森林所产生的生态服务价值最大，在水景观建设和水利工程的生态建设中湖泊或河流等水体的作用最大。生态系统产生的生态服务的相对贡献大小的潜在能力参照我国陆地生态系统单位面积生态服务价值当量标的数值。

生态系统的生态服务功能大小与该生态系统的生物量有着密切的关系。一般来说，生物量越大，生态服务功能越强，因此，生态系统服务价值的大小与该生态类型面积的大小及其单位生态服务价值呈正相关。公式为：

$$ESV=\sum_{i=1}^{n}VCi \times Ai$$

式中：ESV——研究区域生态系统服务的总价值；

VCi——第i类生态系统类型单位面积的生态功能总服务价值系数；

Ai——该生态系统服务类型在该区域内的面积；

n——生态系统类型的数目。

根河市生态服务价值的测算主要包括：森林、农田、湿地和河流。

根河市近几年来林地面积和湿地面积增加，但是耕地面积减少，河流面积不变，详情如表3-5所示。

表3-5 根河市生态系统面积对比分析

生态系统类型	林地	农田	湿地	河流
2014年（公顷）	1595653.48	2220.39	342800	15517.76
2018年（公顷）	1606535.16	1782.95	345137	15517.76
变化率（％）	0.68	19.70	0.68	0

根河市生态系统服务价值如表3-6所示。

表3-6 根河市生态系统生态服务价值　　　　　　　　单位：万元

一级类型	二级类型	年份	森林	农田	湿地	水域
供给服务	食物生产	2014	23647.59	99.72	5542.39	369.35
		2018	23808.39	80.07	5580.08	369.35
	原材料生产	2014	213549.50	38.89	3694.70	243.92
		2018	215001.63	31.23	3719.82	243.92
调节服务	气体调节	2014	309574.33	71.80	37102.46	355.42
		2018	311679.43	57.65	37354.76	355.42
	气候调节	2014	291659.93	96.73	208604.64	1435.63
		2018	293643.21	77.67	210023.15	1435.63
	水文调节	2014	293092.82	76.78	206910.54	9366.37
		2018	295085.85	61.66	208317.53	9366.37
	废物处理	2014	123256.25	138.61	221690.31	10349.01
		2018	124094.40	111.30	223197.80	10349.01
支持服务	保持土壤	2014	288076.09	146.59	30636.59	285.73
		2018	290035.01	117.71	30844.92	285.73
	维持生物多样性	2014	323190.04	101.71	56807.93	2390.37
		2018	325387.73	81.67	57194.23	2390.37
文化服务	提供美学景观	2014	149054.78	16.95	72203.41	3094.24
		2018	150068.35	13.61	72694.39	3094.24
合计		2014	2015101.32	787.77	843192.97	27890.04
		2018	2028804.01	632.58	848926.68	27890.04

生态资产保持率是指研究区间内林地、农田、湿地、水域等生态系统具有的各项生态服务功能（包括水源涵养、水土保持、防风固沙、洪水调蓄等）价值得到维持提升的程度。通过对根河市生态系统生态服务价值的测算，可得出根河市生态资产保持率。

生态资产保持率=目前生态系统生态功能服务价值/研究初始年生态系统生态功能服务价值=（2028804.01+632.58+848926.68+27890.04）/（2015101.32+787.77+843192.97+27890.04）×100%=2906253.31/2886972.10×100%=100.67%

因此，根河市生态资产保持率>1，区域的生态资产为增长趋势。

近些年来根河市合理调整土地使用性质，退耕还林，进一步修复和保护森林生态，增加森林覆盖率，因此，从整体上来说，根河市生态系统在朝着良性发展，为人们提供更优质的生态服务。

（三）环境与经济协调性评价

经济环境协调度是定量描述区域在一定的经济发展阶段，环境承载力与区域综合经济发展水平之间的耦合程度，可在一定程度上反映区域的可持续发展状况（张晓东等，2001）。

协调度的计算公式如下：

$$C=\{[F(X)\times G(Y)]/[\alpha F(X)+\beta G(Y)]^2\}^K$$

式中：C——协调度；

x——描述区域环境特征的指标；

y——描述区域经济状况的指标；

α和β——权数；

α——环境效益在综合评判中的权重；

β——经济效益在综合评判中的权重；

$F(X)$——环境效益综合评价指数；

$G(Y)$——经济效益综合评价指数；

K——调节系统，这里取$K=2$；

$F(X)\times G(Y)$——复合环境经济效益评价指数；

$\alpha F(X)+\beta G(Y)$——综合环境经济效益评价指数。

描述区域经济特征的指标包括：GDP、工业生产总值、财政收入、非农产业占GDP比重、第三产业比重、人均GDP、人均财政收入、万元工业产值能耗、进出口总额、固定资产投资、GDP增速11项指标。

描述区域环境状况的指标包括：工业废气排放量、工业固体废物排放量、工业废水排放量、空气质量好于二级的天数、污染治理项目本年投资额、排污费征收额、污染治理本年施工单位数、工业固体废物综合利用率、人均用水量、人均耕地面积、人均能源消费量11项指标。

运用AHP法确认指标权重，并用熵权法对指标权重进行修复得出经济状况指标权重见表3-7，环境状况指标权重见表3-8。经测算得$C=0.93$。协调发展要求环境效益和经济效益在发展过程中保持一定的协调性，协调度C取值在0～1之间，$C=1$表示达到最佳协调状态，C越小表示越不协调，$C=0$表示根本不协调，按协调度数值大小，可将协调度划分为7个等级，协调度大于0.75即达到良好状态，经测算得根河市环境经济协调度为0.93，非常接近最佳协调状态，有着良好的经济环境发展协调性。

表3-7 经济状况指标权重

区域经济特征指标	经济状况指标权重	区域经济特征指标	经济状况指标权重
GDP	0.15	人均财政收入	0.09
工业生产总值	0.08	万元工业产值能耗	0.10
财政收入	0.10	进出口总额	0.06
非农产业占GDP比重	0.11	固定资产投资	0.07
第三产业比重	1.11	GDP增速	0.03
人均GDP	0.11		

表3-8 环境状况指标权重

区域经济特征指标	经济状况指标权重	区域经济特征指标	经济状况指标权重
工业废气排放量	0.11	人均用水量	0.05
工业固体废气排放量	0.11	人均耕地面积	0.06
工业废水排放量	0.07	人均能源消费量	0.02
空气质量好于二级的天数	0.03	污染治理本年施工单位数	0.10
污染治理项目本年投资额	0.28	工业固体废物综合利用率	0.12
排污费征收额	0.04		

三、社会经济发展预测

根据《国家主体功能区规划》，根河市属于国家重点生态功能区——大兴安岭森林生态核心区，根河市原有的经济结构已经不能适应国家定位。目前，根河市正处于调整经济结构的时期，急需打破长期以来木材生产占主导地位的经济格局，由粗放型向集约型发展方式转变，由单向型经济运行模式向循环型经济运行模式转变。

2013—2017年根河市生产总值和固定资产投资呈递增趋势，经济发展态势良好（表3-9，图3-1），三次产业结构总体呈现"三、二、一"特点，第二产业占GDP比重较低，第三产业占比较高，规模逐年扩大，后发优势明显。根河市将形成以种养业为主的第一产业，以绿色产品加工业和绿色矿业为主的第二产业，以生态旅游业为主的第三产业的经济体系。生态旅游业将进一步与各产业进行深度融合，成为根河市经济体系的引领产业。根河市第一、二产业将继续平稳增长，第三产业对经济增速贡献会更加显著，增加值占比继续提高。预计到2025年，地区生产总值可达70亿元，其中以种养业为主的第一产业、以绿色产品加工业和绿色矿业为主的第二产业和以生态旅游业为主的第三产业占GDP的贡献率分别为30%、30%和40%，城镇居民人均可支配收入提升至呼伦贝尔市平均水平。预计到2035年，根河市生产总值比2025年提高50%。

随着经济结构的调整，根河市的社会结构也将发生一系列变化，人口将进一步集聚，城市化进程将进一步加快，社会保障体系进一步完善，敖鲁古雅文化、森工文化等根河市特色文化将更加繁荣昌盛。根河市将探索出一条林业资源与经济、生态、社会高度融合的可持续发展的新模式，成为维护生态安全的重要保障和基石。

表3-9 2013—2017根河市经济发展情况

年份	GDP（亿元）	增长率（%）	固定资产投资额（亿）	增长率（%）
2013	37.6	6.9	25.60	7.6
2014	40.0	6.5	33.04	29.1
2015	41.5	6.7	30.80	-6.6
2016	42.9	6.3	33.49	8.5
2017	34.7	2.9	27.17	-18.9

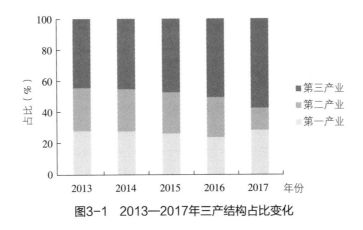

图3-1 2013—2017年三产结构占比变化

四、生态文明建设的机遇、优势与挑战

（一）生态文明建设的机遇

1. 国家高度重视，自治区大力推动

党的十八大报告提出大力推进生态文明建设的总体要求，把生态文明建设纳入社会主义现代化建设总体布局，把生态文明建设摆在五位一体的高度来论述。自治区认真贯彻党中央、国务院关于生态文明建设和环境保护的决策部署，大力推动生态文明建设，在全国率先制定《党委、政府及有关部门环境保护工作职责》。在自然资源资产负债表编制、领导干部自然资源资产离任审计、生态环境损害责任追究等方面开展先行先试，将呼伦贝尔市确定为领导干部自然资源资产离任审计试点。国家、自治区对推进生态文明建设的高度重视为根河市加强生态文明建设提供了前所未有的历史机遇。

2. 国家政策是根河市发展的最大红利

《全国主体功能区规划》《全国资源型城市可持续发展规划2013—2020年》《大小兴安岭林区生态保护与经济转型规划》《关于促进内蒙古又好又快发展的若干意见》《内蒙古自治区主体功能区规划》等政策将继续给根河市带来发展机遇。近几年根河市全力争取的资源枯竭城市补偿、艰苦边远地区五类区津贴等政策也将取得一定进展。随着生态文明建设的进一步推进，根河市将获得更多的转移支付和生态补偿，越来越多的资金支持将进一步促进根河市生态保护、基础设施、特色产业、民生保障、对外开放等方面的工作，为根河市生态文明建设创造较好条件，真正实现绿水青山就是金山银山。

3. 深化改革的内生动力将会充分释放

国家和自治区相继出台关于林区改革的相关政策，如《国务院关于近期支持东北振兴若干重大政策举措的意见》《国有林区改革指导意见》《内蒙古大兴安岭重点国有林区改革总体方案》及《关于加快推进生态文明建设的意见》等，将为林区的经济社会发展及健全体制机制提供强有力的支撑。根河市在重点领域、先行先试以及上级试点方面形成了一批经验成果，将进一步围绕生态环境保护治理、生态产品价值评估核算、生态产品价值挖掘和交易市场培育、生态补偿、政策制度体系创新等方面进行探索，创新生态文明建设的体制机制，这种内生动力必然进一步助力根河市的绿色发展，推进经济转型升级。

（二）生态文明建设的优势

1. 领导重视，全市生态文明建设积极性高

生态环境优良是根河市最显著的特色和最大的比较优势。根河市党委、政府高度重视生态文明建设，认真贯彻落实中央和自治区关于生态文明建设的一系列决策部署，坚定不移地走生态文明的发展路径，深入贯彻"生态立市、绿色发展"的战略，将全市经济社会发展融入生态文明建设当中，以创建生态文明建设示范区为重要载体和抓手，全市政府部门和各乡镇齐心合力、扎实工作，为完成全市生态文明建设提供了强有力的保障。

2. 根河市生态文化资源丰富

根河市是一座因林而建、因林而兴的林区移民城市，独特的地理位置，独具特色的民族文化和林海景观形成了这座城市独有的文化形态与文化积累，包括敖鲁古雅使鹿文化、游猎民族文化、森林文化等。敖鲁古雅使鹿文化凝结了森林民族文化乃至人类早期文化的历史，见证了中国北方原始文化的脉络，不仅是泛北极圈的标志性文化，也是世界级文化品牌，是中国融入泛北极圈重要的文化纽带，具有国际性和战略性。游猎民族文化源远流长，兴起于北方的东胡、鲜卑、蒙兀室韦各族都曾在根河市留下历史足迹，各民族的大迁徙与大融合是不同时期政治、经济、军事、自然状况等各方面历史条件的反映，留给根河市珍贵的历史文化遗存。根河市经过50多年以林为主的开发建设，积淀了深厚的森工文化底蕴，形成了丰富多彩而又独具特色的森工文化。

3. 根河市生态环境优良、生态品牌初现

根河市是大兴安岭森林生态功能区的重要组成部分，也是呼伦贝尔大草原、东北平原乃至东北亚地区的重要生态屏障，在国家生态全局中具有特殊的战略地位。根河市人文社会环境和谐稳定，百姓为人质朴，居民寿命长。根河市生态环境优良，每立方厘米含负氧离子4000~7000个，天蓝、林绿、水清、气爽、心怡，是休闲、度假、养生的"天然氧吧"，也是根河市宝贵的生态品牌。

4. 根河市拥有良好的区位条件

根河市位于大兴安岭北段西坡、呼伦贝尔市北部，是中国纬度最高的城市之一，也是联系大兴安岭南北与东西的枢纽城市。根河市是内蒙古自治区至黑龙江的重要通道，已形成公路、铁路和航空的立体交通格局。航空网络构建了根河市特色交通格局。根河市和满归的通用机场弥补了根河境内路上交通进入性差的问题。距根河市区252.7千米的呼伦贝尔东山机场已开通中国香港和台北的国内城市航线以及俄罗斯、蒙古国、日本、韩国等境外城市航线；漠河机场距离满归镇149.3千米。铁路方面，以林业为主的开发建设时期铁路建设塑造了根河境内各点通畅的铁路脉络，现有牙林线通达南北，满归—漠河—洛古河铁路建设项目也在推进中，呼伦贝尔市运作的大兴安岭森林火车项目也将为根河市旅游发展注入动力。公路方面，通过G332、S301与周边的呼伦贝尔市（海拉尔）、漠河县、莫尔道嘎镇、伊图里河镇等相连，另有县道324、县道325、乡道Z008及其余乡道贯通区内。G332线库布春林场至根河段及省道204线满归至根河线，已被列入《内蒙古自治区交通基

础设施重大工程建设三年行动计划实施方案项目表》。

(三) 生态文明建设面临的挑战

1. 资源环境压力增大

国家主体功能区规划、大小兴安岭林区生态保护与经济转型规划、国有林区全面禁伐等政策交替叠加,根河市面临森林资源逐渐枯竭与生态环境保护的双重约束,木材精深加工、矿产资源开发等产业发展空间进一步缩小。

2. 发展基础条件薄弱

产业结构单一、接续产业发展缓慢、经济总量偏小,自我发展能力不足;水、电、路等基础设施欠账较多,财政收支不平衡;群众就业渠道少,人均收入水平低,基本公共服务水平低;社会保障体系尚不完善,改善民生和社会和谐稳定的压力较大。

3. 区域发展不平衡,对外开放的整体实力不强

根河市与周边旗市没有形成紧密的合作关系,与呼伦贝尔市其他旗市区在经济总量、财政收入等方面都有较大差距,各城镇办事处之间发展也不平衡,在区域发展竞争上面临较大的压力。

4. 居民生活成本相对较高

根河市属寒温带湿润森林气候区,年均气温-7.4℃,无霜期仅为70天左右,冬季积雪期长达220天左右,结冰期210天左右。因根河市独特的气候特点,居民的取暖、着装、交通、医疗等花费成本较高。

5. 生态文明建设的支撑条件有待提升

(1) 财政支持能力需要进一步提升

生态文明建设涉及政治、经济、社会、文化等多个方面,需要强有力的财力支撑。但目前根河市生产总值约30多亿元,固定资产投资20多亿元,财政收入约8000万元,在自治区范围内经济发展非常靠后,财政实力还有待进一步提升。

(2) 专业人才相对缺乏

生态文明建设涉及领域广泛,各个领域都需要既有专业知识又懂生态文明建设的人才。根河市受到自然条件和发展水平的限制,缺乏专家和人才储备,需要采取多途径吸引各类人才参与到根河市生态文明建设中来。

第四章
生态文明建设总体战略

依据习近平新时代中国特色社会主义思想，基于根河市生态文明建设与社会经济发展的新形势、新挑战，充分借鉴国内外生态文明建设经验，明确根河市生态文明建设的总体定位与思路、指导思想、原则与目标，是根河市生态文明建设的方向与指引，能够更好地统筹生态文明建设的各项具体内容。

一、总体定位

根据根河市发展现状、生态文明建设情况、面临问题与挑战以及区域功能定位，根河市生态文明建设的总体定位是，将根河市建设成为生态制度健全、生态环境优良、生态经济发达、生态生活富裕、生态文化繁荣的国家生态文明建设示范市，使之成为生态文明制度创新区、绿色发展引领区、林业改革创新先行区、生态文化保护区、全域旅游示范区和民生幸福首善区，成为我国北方重要生态安全屏障区。

国家生态文明建设示范市县是贯彻落实习近平生态文明思想，以全面构建生态文明建设体系为重点，统筹推进"五位一体"总体布局，落实五大发展理念的示范样板。已有实践证明，创建国家生态文明建设示范市县是大力推进生态文明建设的重要载体，是加强生态环境保护的有力抓手，是实践环保为民惠民的生动体现。根河市已被列入第三批国家生态文明建设示范市县，应全方位深入推进生态文明建设，着力构建我国北方生态安全屏障，努力打造生态文明建设的"根河样板"，为全国生态文明市县建设提供参考和借鉴。

二、总体思路

根据对根河市资源环境承载能力、优势和制约因素的分析，确定根河市生态文明建设总体思路为：以生态空间建设为载体，实现生产空间节约高效、生活空间宜居适度、生态空间山清水秀；以绿色产业发展为基础，生态旅游发展为引领，推进经济生态化、生态经济化；以美丽建设为抓手，实施特色小镇、田园综合体、美丽乡村等工程；以改革创新为驱动，推动生态补偿、生态环境保护治理、生态产品价值核算等方面的探索创新；以交通建设为先导，建成覆盖全市的环境优美的绿道网、景观网；以平台项目为支撑，谋划一批重大项目和标志性工程，将根河市打造为经济发达、人民富裕、文化繁荣、山川秀美、社会和谐的新根河。

三、建设指导思想

以习近平新时代中国特色社会主义理论为指导，深入贯彻落实党的十九大精神和习近平生态文明思想，统筹推进"五位一体"总体布局，落实五大发展理念，以"生态立市、绿色发展"战略为统领，着力"稳增长、促改革、调结构、防风险、惠民生"，以国土空间规划为依据，把城镇、生态空间和生态保护红线、城镇开发边界作为调整经济结构、规划产业发展、推进城镇化不可逾越的红线，以加快转变经济发展方式为主线，培育壮大以生态旅游为引领的接续替代产业，加强生态环境保护和治理，保障和改善民生，建立健全可持续发展长效机制。构建具有根河市特色的生态制度体系、生态安全体系、生态空间、生态产业体系、生态生活体系、生态文化体系，形成节约能源资源和保护生态环境的产业结构、增长方式和消费模式，走出一条有中国特色的森林资源型城市可持续发展之路，为全国森林资源型城市生态文明建设发挥示范引领作用。

四、建设原则

（一）环保优先，生态引领

以保护生态环境为第一目标，建立生态优先的决策机制。强化全社会生态文明教育，牢固树立生态文明理念，促进人与自然和谐共生。以保障资源环境承载力作为各类开发建设活动的前提条件，将生态文明建设切实融入根河市经济建设、政治建设、文化建设和社会建设的各个领域、各个层面，引领根河市全面、协调、可持续发展。

（二）优化结构，发挥优势

坚持把经济结构转型升级作为加快根河市可持续发展的主攻方向，以生态环境保护优化经济发展，充分发挥市场机制作用，改造提升传统资源型产业、发展绿色矿业，培育壮大以生态旅游为引领的接续替代产业，加快发展现代服务业，鼓励发展战略性新兴产业，推进根河市由单一的资源型经济向多元经济转变。

（三）统筹兼顾，区域协调

发挥根河市生态旅游资源和民族文化优势，通过合理布局和政策引导，促进各区域平衡发展，努力构筑各区域比较优势充分发挥、各类要素有序自由流动和优化配置的发展格局，实施区域规划建设一体化、产业发展一体化、要素配置一体化、生态保护一体化、公共服务一体化和民生保障一体化，最终实现区域协同共生和社会均衡发展。

（四）因地制宜，彰显特色

将国家生态文明示范市县建设目标与国家和自治区级主体功能区划、生态功能区划及根河市国民经济和社会发展相关规划充分衔接，科学分析根河市生态文明建设的基础和条件、面临的机遇和挑战，紧密结合根河市的气候环境、资源禀赋、人文特征、经济基础，针对地域特征量体裁衣，充分彰显根河市的区域特色，分类指导，多元发展。

（五）立足实际，谋划长远

立足根河市生态环境、资源禀赋、产业结构、基础设施等情况，着力推进节能减排、环境整治和生态保护工程，有效改善环境质量，着眼于长远科学谋划生态文明建设战略思路，明确生态文明建设示范县的目标和指标体系，切实解决当前各级政府和社会各阶层关注的焦点和难点问题，全面指导中远期生态文明建设的各项工作。

（六）政府主导，社会参与

坚持共同推进，加强协调配合。充分发挥政府在组织领导、规划引领、资金投入、制度创新方面的主导作用，提供良好的政策环境和公共服务；运用市场机制调动企业、社会组织和公众广泛参与，形成政府引导、部门分工协作、全社会共同参与的生态文明建设新格局。

五、建设目标

（一）总体目标

以国家生态文明建设示范市县建设为抓手，生态文明建设取得重大进展，科学合理的国土开发和区域发展布局基本形成，以生态旅游为主导的生态产业发达，生态系统服务功能显著增强，生物多样性得到有效保护，城乡人居环境优美，生态文化繁荣，全社会生态文明意识明显提高，生态文明建设的长效机制完善，最大程度形成节约资源和保护环境的空间格局、产业结构、生产方式、生活方式，尊重自然、顺应自然、保护自然的生态文明理念在全社会牢固树立，生态文明行为方式渗透到全社会各方面，成为公众的行为准则和自觉行动，推动根河市向高质量、高效益、低污染、生态化方向发展，使根河市天更蓝、山更绿、水更清，人与自然更加和谐。

（二）阶段目标

1. 近期（2020—2025年）

第一，预计到2025年地区生产总值达到70亿元。生态产业化、产业生态化的产业格局初步形成。完成蓝莓、灵芝、食用菌等优势林下产品地理标志认证工作，形成一批地理标志产品，培育出一批具有较强竞争力的生态品牌企业，形成农畜产品质量追溯体系。完成兴安经济开发区建设，形成"绿色农畜林产品生产加工基地"。绿色矿山的接续替代产业——矿山旅游业初步形成。木材加工企业转型为集研发、设计、生产、销售和服务为一体的精深加工企业集团。生态旅游业与各产业高度融合，激发资源潜在溢价价值。突破季节限制，实现全域旅游和四季旅游，通过全域旅游逐步深化生态产品价值实现的路径。

第二，生态环境和生态经济等相关指标达到国家标准。完成危险废物处置中心的建设，统一处置各种危险废物，单位地区生产总值能耗低于全国平均水平，达到生态文明示范市县指标要求。完成金河、阿龙山等乡镇垃圾处理厂和污水处理设施建设，城镇污水和垃圾处理率达到100%，各乡镇生活水污染问题得到根本解决，村镇饮用水卫生合格率达到100%。

第三，社会保障能力进一步健全。最低生活保障、临时救助和大病救助制度进一步完善，城市特困人员分散供养和护理补贴标准进一步提高。低收入群体帮扶工作措施进一步完善，进一步提高对低收入群众的精准帮扶，帮扶工作取得实效。

第四，文化产业发展进一步加快。形成一批具有文艺演出、民族工艺品、民族文化旅游等具有示范效应和产业拉动作用的重点文化产业项目。培育一批综合实力强、竞争力强、带动力强的骨干文化企业，加快具有民族特色文化产业的建设。

第五，初步形成生态生活、生态文化和生态制度体系。城镇新建绿色建筑比例，节能、节水器具普及率，公众对生态文明知识知晓率，公众对生态文明建设的满意率等指标达到国家生态文明示范市县创建标准，初步形成人人关心生态文明建设、事事体现生态文明建设的良好局面。生态文明建设工作占党政实绩考核的比例、自然资源资产离任审计、自然资源资产负债表等生态制度指标达到国家生态文明示范市县建设标准。

第六，节约资源和保护环境的空间格局、产业结构、生产方式、生活方式总体框架基本确立，生态安全得到可靠保障。

2. 中远期（2026—2035年）

第一，预计到2035年，地区生产总值比2025年提高50%。生态产业化、产业生态化的产业格局基本形成。形成以生态旅游业为引领的产业结构和发展布局，生态旅游业与各产业高度融合，成为带动根河市经济发展、产业融合和社会进步的战略性支柱产业，生态产品价值得到较大幅度地提高，充分实现资源潜在溢价价值。低碳经济、循环经济较为发达，基本形成以科技含量高、经济效益好、资源消耗低、环境污染少、人力资源得到充分发挥为特征的循环型生态经济体系。

第二，形成"美丽城市+美丽河流+美丽田园"的生态人居环境。以"5A级景区提升创建""环境保护修复""种植基地建设"等工程为载体，进一步对资源环境进行保护和修复，完善供水、供热、污水管网改造，医疗垃圾、餐厨垃圾分类处理项目建设。补足城市建设短板，完成停车场、车库等民生项目的建设。城乡环境显著改善，人民群众对生态环境较为满意，形成"美丽城市+美丽河流+美丽田园"的生态人居环境。

第三，形成完善的社会保障体系。精准帮扶工作完成，使低收入群众摆脱贫困，实现"住有所居、学有所教、劳有所得、病有所医、老有所养"的目标。

第四，实现"文化强市"的目标。形成以敖鲁古雅文化、冷极文化、森工文化等为特色的文化产业群，文化创新能力和产业综合实力大大增强，文化产业更加丰富，供给能力逐步增强，形成覆盖全社会的公共文化服务体系。

第五，建立完善的生态生活、生态文化和生态制度体系。政府绿色决策水平得到显著提高，污水、废弃物、用水用电等价格机制逐步形成，企业的环保行政措施和环境监管制度基本健全，公众参与机制基本建立，干部综合考评、生态补偿、生态产品价值核算、资源要素市场化配置等方面体现生态文明建设要求的制度得到全面有效实施，形成推进生态文明建设的长效机制，生态文明行为方式渗透到全社会各方面，成为公众的行为准则和自觉行动。

第六，节约资源和保护环境的空间格局、产业结构、生产方式、生活方式形成，使根河市成为我国生态安全最坚实的屏障。

3. 发展展望（2036—2050年）

经过长期的生态文明建设，根河市将构建完善的生态文明体系，即以生态价值观念为准则的生态文化体系，以产业生态化和生态产业化为主体的生态经济体系，以改善生态环境质量为核心的目标责任体系，以治理体系和治理能力现代化为保障的生态文明制度体系，以生态系统良性循环和环境风险有效防控为重点的生态安全体系。人与自然和谐共生的绿色发展理念深入人心，达到人与自然和谐共生的愿景，实现建成"两美根河"（美丽根河、美好生活）的美好向往，促进根河市的永续发展。

第五章
建设指标体系

生态文明建设是一个动态、综合、具体的社会实践过程，涉及人类政治、经济、社会、文化、资源与环境等各方面，对其结果进行量化以及评价是把理论与实践结合，客观、直接地反映和指导生态文明建设（赵宏等，2017）。生态文明建设指标体系是对生态文明建设进行准确评价、科学规划、定量考核和具体实施的依据和工具，以客观、准确评价人与自然的和谐程度及其文明水平为目的。

一、指标体系构建

完善的生态文明建设指标体系是分析生态文明现状、评估生态文明建设绩效和及时发现生态系统的健康问题并及时发出预警的基础。建立生态文明建设指标体系有利于推进建设和谐社会以及全面建成小康社会的进程，促进共同发展，提升社会生态文明水平。

依据生态环境部2019年9月印发的《国家生态文明建设示范市县建设指标》，根河市生态文明建设示范市县创建规划指标体系分为生态制度、生态安全、生态空间、生态经济、生态生活与生态文化六大类，共40项指标，其中，示范县由34项指标组成［不包括6项示范市指标：近岸海域水质优良（一、二类）比例、碳排放强度、应当实施强制性清洁生产企业通过审核的比例、城镇人均公园绿地面积、公共交通出行分担率和绿色产品市场占有率］。根河市属于县级市，因此按照示范县指标体系进行构建，具体内容及指标体系见表5-1。

表5-1 根河市生态文明示范县建设指标体系

领域	任务	序号	指标名称	单位	指标值	指标属性	现状情况
生态制度	（一）目标责任体系与制度建设	1	生态文明建设规划	—	制定实施	约束性指标	《根河市生态文明建设示范县规划》编制完成
		2	党委和政府对生态文明建设重大目标任务部署情况	—	有效开展	约束性指标	已部署
		3	生态文明建设工作占党政实绩考核的比例	%	≥20	约束性指标	已达标
		4	河长制	—	全面实施	约束性指标	2017已全面推行河长制，并制定了实施方案
		5	生态环境信息公开率	%	100	约束性指标	环境信息定期公开于政府网站
		6	依法开展规划环境影响评价	—	开展	参考性指标	已开展
生态安全	（二）生态环境质量改善	7	环境空气质量： （1）优良天数比例； （2）$PM_{2.5}$浓度下降幅度	%	完成上级规定的考核任务；保持稳定或改善状态	约束性指标	城市空气质量优良天数比率达到98.7%
		8	水环境质量： （1）达到或优于Ⅲ类水质比例提高幅度； （2）劣Ⅴ类水体比例下降幅度； （3）黑臭水体比例消除比例	%	完成上级规定的考核任务；保持稳定或改善状态	约束性指标	保持或优于Ⅲ类水体
	（三）生态系统保护	9	生态环境状况指数 （1）干旱半干旱地区； （2）其他地区	%	≥35 ≥60	约束性指标	已达标
		10	林草覆盖率： （1）山区； （2）丘陵地区； （3）平原地区； （4）干旱半干旱地区； （5）青藏高原地区	%	≥60 ≥40 ≥18 ≥35 ≥70	参考性指标	森林覆盖率为91.75%；林草覆盖率为96.87%
		11	生物多样性保护： （1）国家重点保护野生动植物保护率； （2）外来物种入侵； （3）特有性或指示性水生物种保持率	% — %	≥95 不明显 不降低	参考性指标	目前未发生外来物种入侵
		12	海岸生态修复： （1）自然岸线修复长度； （2）滨海湿地修复面积	千米 公顷	完成上级管控目标	参考性指标	已完成
	（四）生态环境风险防范	13	危险废物利用处置率	%	100	约束性指标	已达标
		14	建设用地土壤污染风险管控和修复名录制度	—	建立	参考性指标	已达标
		15	突发生态环境事件应急管理机制	—	建立	约束性指标	已达标
生态空间	（五）空间格局优化	16	自然生态空间： （1）生态保护红线； （2）自然保护地	—	面积不减少，性质不改变，功能不降低	约束性指标	已达标
		17	自然岸线保有率	%	完成上级管控目标	约束性指标	已达标
		18	河湖岸线保护率	%	完成上级管控目标	参考性指标	已达标

（续）

领域	任务	序号	指标名称	单位	指标值	指标属性	现状情况
生态经济	（六）资源节约与利用	19	单位地区生产总值能耗	吨标煤/万元	完成上级规定的考核任务；保持稳定或改善状态	约束性指标	因为根河市是高纬度高寒地区，经济总量小，该项指标暂达不到考核要求
		20	单位地区生产总值用水量	立方米/万元	完成上级规定的考核任务；保持稳定或改善状态	约束性指标	达到自治区级考核要求
		21	单位国内生产总值建设用地使用面积下降率	%	≥4.5	参考性指标	已达标
	（七）产业循环发展	22	农业废弃物综合利用率：（1）秸秆综合利用率；（2）畜禽粪污综合利用率；（3）农膜回收利用率	%	≥90 ≥75 ≥80	参考性指标	规模以上养殖（2户）：废液废物综合利用率98%；固体废物综合利用率96%；农膜回收利用率超过80% 规模以下养殖（120户）：废液废物综合利用率83%；固体废物综合利用率89%；农膜回收利用率超过80%
		23	一般工业固体废物综合利用率	%	≥80	参考性指标	已达标，100%
生态生活	（八）人均环境改善	24	集中式饮用水水源地水质优良比例		100	约束性指标	已达标
		25	村镇饮用水卫生合格率	%	100	约束性指标	已达标
		26	城镇污水处理率	%	≥85	约束性指标	已达标
		27	城镇生活垃圾无害化处理率	%	≥80	约束性指标	已达标
		28	农村无害化卫生厕所普及率	%	完成上级规定的目标任务	约束性指标	根河市没有嘎查和村屯
	（九）生活方式绿色化	29	城镇新建绿色建筑比例	%	≥50	参考性指标	尚未达标
		30	生活废弃物综合利用：（1）城镇生活垃圾分类减量化行动；（2）农村生活垃圾集中收集储运	—	实施	参考性指标	已达标
		31	政府绿色采购比例	%	≥80	参考性指标	已达标
生态文化	（十）观念意识普及	32	党政领导干部参与生态文明培训的人数比例	%	100	参考性指标	已完成科级领导干部生态文明培训人数比例100%
		33	公众对生态文明建设的满意度	%	≥80	参考性指标	已达标
		34	公众对生态文明建设的参与度	%	≥80	参考性指标	已达标

二、指标解析

1. 生态文明建设规划

指标解释：指创建地区围绕推进生态文明建设和推动国家生态文明建设示范市县创建工作，组织编制的具有自身特色的建设规划。规划应由同级人民代表大会（或其常务委员会）或本级人民政府审议后颁布实施，且在有效期内。

2. 党委和政府对生态文明建设重大目标任务部署情况

指标解释：指创建地区党委和政府领导班子学习贯彻落实习近平生态文明思想的情况，以及对国家、省有关生态文明建设决策部署和重大政策、中央生态环境保护督察与各类专项督查问题，以及本行政区域内生态文明建设突出问题的研究学习及落实情况。

3. 生态文明建设工作占党政实绩考核的比例

指标解释：指创建地区本级政府对下级政府党政干部实绩考核评分标准中，生态文明建设工作所占的比例，包括生态文明制度建设和体制改革、生态环境保护、资源能源节约、绿色发展等方面。县级行政区要对乡镇党政领导干部考核，地级行政区要对县级党政领导干部考核。该指标旨在推动创建地区将生态文明建设工作纳入党政实绩考核范围，通过强化考核，把生态文明建设工作任务落到实处。

4. 河长制

指标解释：指由各级党政主要负责人担任行政区域内河长，落实属地责任，健全长效机制，协调整合各方力量，开展水资源保护、水域岸线管理、水污染防治、水环境治理等工作。具体按照《中共中央办公厅　国务院办公厅关于全面推行河长制的意见》及各省相关文件执行。

5. 生态环境信息公开率

指标解释：指政府主动公开生态环境信息和企业强制性生态环境信息公开的比例。生态环境信息公开工作按照《中华人民共和国政府信息公开条例》（国务院令第711号）和《环境信息公开办法（试行）》（国家环境保护总局令第35号）要求开展，其中，污染源环境信息公开的具体内容和标准按照《企事业单位环境信息公开办法》（环境保护部令第31号）、《关于加强污染源环境监管信息公开工作的通知》（环发〔2013〕74号）、《关于印发〈国家重点监控企业自行监测及信息公开办法（试行）〉和〈国家重点监控企业污染源监督性监测及信息公开办法（试行）〉的通知》（环发〔2013〕81号）等要求执行。

6. 依法开展规划环境影响评价

指标解释：指创建地区依据有关生态环境保护标准、环境影响评价技术导则和技术规范，对其组织编制的土地利用有关规划和区域、流域、海域的建设、开发利用规划，以及工业、农业、畜牧业、林业、能源、水利、交通、城市建设、旅游、自然资源开发的有关专项规划，进行环境影响评价。

7. 环境空气质量

（1）优良天数比例

指标解释：指行政区域内空气质量达到或优于二级标准的天数占全年有效监测天数的比例。执行《环境空气质量标准》（GB 3095—2012）和《环境空气质量指数（AQI）技术规定（试行）》（HJ 633-2012）。

（2）$PM_{2.5}$浓度下降幅度

指标解释：指评估年$PM_{2.5}$浓度与基准年相比下降的幅度。$PM_{2.5}$浓度按照《环境空气质量标准》（GB 3095—2012）和《环境空气质量评价技术规定（试行）》（HJ 663—2013）测算。

8. 水环境质量

（1）水质达到或优于Ⅲ类比例提高幅度

指标解释：指评估年水质达到或优于Ⅲ类比例与基准年相比提高幅度，包括地表水水质达到或优于Ⅲ类比例提高幅度、地下水水质达到或优于Ⅲ类比例提高幅度。地表水水质达到或优于Ⅲ类比例指行政区域内主要监测断面水质达到或优于Ⅲ类的比例。地下水水质达到或优于Ⅲ类比例指行政区域内监测点网水质达到或优于Ⅲ类的比例。执行《地表水环境质量标准》（GB 3838—2002）和《地下水质量标准》（GB/T 14848—2017）。

（2）劣Ⅴ类水体比例下降幅度

指标解释：指评估年劣Ⅴ类水体比例与基准年相比下降的幅度，包括地表水劣Ⅴ类水体比例下降幅度、地下水劣Ⅴ类水体比例下降幅度。地表水劣Ⅴ类水体比例指行政区域内主要监测断面劣Ⅴ类水体比例。地下水劣Ⅴ类水体比例指行政区域内监测点网劣Ⅴ类水体比例。执行《地表水环境质量标准》（GB 3838—2002）和《地下水质量标准》（GB/T 14848—2017）。

（3）黑臭水体消除比例

指标解释：指行政区域内黑臭水体消除数量占黑臭水体总量的比例。要求黑臭水体消除比例明显提高。

9. 生态环境状况指数

指标解释：生态环境状况指数（EI）是表征行政区域内生态环境质量状况的生物丰度指数、植被覆盖指数、水网密度指数、土地胁迫指数、污染负荷指数和环境限制指数的综合反映。执行《生态环境状况评价技术规范》（HJ 192—2015）。要求生态环境状况指数不降低。

10. 林草覆盖率

指标解释：指行政区域内森林、草地面积之和占土地总面积的百分比。森林面积包括郁闭度0.2以上的乔木林地面积和竹林地面积、国家特别规定的灌木林地面积、农田林网以及村旁、路旁、水旁、宅旁林木的覆盖面积。草地面积指生长草本植物为主的土地，执行《土地利用现状分类》（GB/T 21010—2017）。

11. 生物多样性保护

（1）国家重点保护野生动植物保护率

指标解释：指行政区域内，通过建设自然保护区、划入生态保护红线等保护措施，受保护的国家一、二级野生动植物物种数占本地应保护的国家一、二级野生动植物物种数比例。国家一、二级野生动植物参照《国家重点保护野生动物名录》和《国家重点保护野生植物名录》。

（2）外来物种入侵

指标解释：指在当地生存繁殖，对当地生态或者经济构成破坏的外来物种的入侵情况。外来物种种类参照《国家重点管理外来物种名录（第一批）》（农业部公告第1897号）、《关于发布中国第一批外来入侵物种名单的通知》（环发〔2003〕11号）、《关于发布中国第二批外来入侵物种名单的通知》（环发〔2010〕4号）、《关于发布中国外来入侵物种名单（第三批）的公告》（环境保护部2014年第57号）。创建地区要实地调查确定外来物种入侵情况，并制定外来物种入侵预警方案。要求没有外来物种入侵，或者存在外来物种入侵，但入侵范围较小、对行政区域生态环境没有产生实质性危害、对国民经济没有造成实质性影响，且已开展相关防治工作，有完备的计划和方案。

（3）特有性或指示性水生物种保持率

指标解释：指创建地区河流中特有性、指示性物种以及珍稀濒危水生物种的保护状况，以历史水平数据为基准，进行对比分析。要求特有性或指示性水生物种种类和数量不降低。根据水生物种调查或问卷统计获得。

12. 海岸生态修复

（1）自然岸线修复长度

指标解释：指沿海地区行政区域内，通过实施海岸线整治修复工程，将人工岸线恢复为自然岸线，或具有自然海岸形态特征和生态功能的岸线的长度。自然岸线认定参照《海岸线保护与利用管理办法》（国海发〔2017〕2号）和《海岸线调查统计技术规程（试行）》（国海发〔2017〕5号）。

（2）滨海湿地修复面积

指标解释：指沿海地区行政区域内，通过强化滨海湿地和重要物种栖息地的保护管理，逐步修复已经破坏的滨海湿地面积。修复方式包括建立海洋自然保护区、海洋特别保护区和湿地公园，退围还海、退养还滩、退耕还湿等方式。滨海湿地包含沿海滩涂、河口水域、浅海、红树林、珊瑚礁等区域。

13. 危险废物利用处置率

指标解释：指行政区域内危险废物实际利用量与处置量占应利用处置量的比例。危险废物指列入《国家危险废物名录》（环境保护部令第39号）或者根据国家规定的危险废物鉴别标准和鉴别方法认定具有危险特性的固体废物。

14. 建设用地土壤污染风险管控和修复名录制度

指标解释：指创建地区人民政府根据《中华人民共和国土壤污染防治法》建立建设用地土壤污染风险管控和修复名录制度，强化自然资源、住房城乡建设、生态环境等部门联合监管，对存在不可接受风险的建设用地地块，未完成风险管控或修复措施的，严格准入管理。没有发生因建设用地再开发利用不当，造成社会不良影响的"毒地"事件。

15. 突发生态环境事件应急管理机制

指标解释：指行政区域内各级生态环境主管部门和企业事业单位组织开展的突发生态环境事件风险控制、应急准备、应急处置、事后恢复等工作。建立突发生态环境事件应急管理机制，以预防和减少突发生态环境事件的发生，控制、减轻和消除突发生态环境事件引起的危害，规范突发生态环境事件应急管理工作。

16. 自然生态空间

（1）生态保护红线

指标解释：指在生态空间范围内具有特殊重要生态功能、必须强制性严格保护的区域，是保障和维护国家生态安全的底线和生命线，通常包括具有重要水源涵养、生物多样性维护、水土保持、防风固沙、海岸生态稳定等功能的生态功能重要区域，以及水土流失、土地沙化、石漠化、盐渍化等生态环境敏感脆弱区域。要求建立生态保护红线制度，确保生态保护红线面积不减少，性质不改变，主导生态功能不降低。主导生态功能评价暂时参照《关于印发<生态保护红线划定指南>的通知》（环办生态〔2017〕48号）和《关于开展生态保护红线评估工作的函》（自然资办函〔2019〕125号）。

（2）自然保护地

指标解释：指由政府依法划定或确认，对重要的自然生态系统、自然遗迹、自然景观及其所承载的自然资源、生态功能和文化价值实施长期保护的陆域或海域，包括国家公园、自然保护区以及森林公园、地质公园、海洋公园、湿地公园等各类自然公园。

17. 自然岸线保有率

指标解释：指沿海地区行政区域内限制开发、优化利用岸段中计划予以保留和开发建设后，剩余的自然岸线长度以及列入严格保护的自然岸线长度，占省级人民政府批准的大陆海洋岸线总长度的比例。自然岸线指由海陆相互作用形成的海洋岸线，包括砂质岸线、淤泥质岸线、基岩岸线、生物岸线等原生岸线，以及修复后具有自然海岸形态特征和生态功能的海洋岸线。海洋岸线保护和利用管理参照《海岸线保护与利用管理办法》（国海发〔2017〕2号）执行。

18. 河湖岸线保护率

指标解释：指行政区域内划入岸线保护区、岸线保留区的岸段长度占河湖岸线总长度的比例。河湖岸线指河流两侧、湖泊周边一定范围内水陆相交的带状区域。岸线保护区、岸线保留区、岸线控制利用区及岸线开发利用区划定参照水利部《河湖岸线保护与利用规划编制指南（试行）》（办河湖函〔2019〕394号）。

19. 单位地区生产总值能耗

指标解释：指行政区域内单位地区生产总值的能源消耗量，是反映能源消费水平和节能降耗状况的主要指标。根据各地考核要求不同，可分别采用单位地区生产总值能耗或单位地区生产总值能耗降低率。要求单位地区生产总值能耗或单位地区生产总值能耗降低率完成上级规定的目标任务，保持稳定或持续改善。

20. 单位地区生产总值用水量

指标解释：指行政区域内单位地区生产总值所使用的水资源量，是反映水资源消费水平和节水降耗状况的主要指标。根据各地考核要求不同，可分别采用单位地区生产总值用水量或单位地区生产总值用水量降低率。要求单位地区生产总值用水量或单位地区生产总值用水量降低率完成上级规定的目标任务，保持稳定或持续改善。

21. 单位国内生产总值建设用地使用面积下降率

指标解释：指本年度单位国内生产总值建设用地使用面积与上年相比下降幅度。单位国内生产总值建设用地使用面积指单位国内生产总值所占用的建设用地面积，是反映经济发展水平和土地节约集约利用水平的重要指标。

22. 农业废弃物综合利用率

（1）秸秆综合利用率

指标解释：指行政区域内综合利用的秸秆量占秸秆产生总量的比例。秸秆综合利用的方式包括秸秆气化、饲料化、能源化、秸秆还田、编织等。

（2）畜禽粪污综合利用率

指标解释：指行政区域内规模化畜禽养殖场通过还田、沼气、堆肥、培养料等方式综合利用的畜禽粪污量占畜禽粪污产生总量的比例。有关标准按照《畜禽规模养殖污染防治条例》（国务院令第643号）、《畜禽养殖业污染物排放标准》（GB 18596—2001）和《畜禽粪便无害化处理技术规范》（GB/T 36195—2018）执行。

（3）农膜回收利用率

指标解释：主要指用于粮食、蔬菜育秧（苗）和蔬菜、食用菌、水果等大棚设施栽培的0.01毫米以上的加厚农膜的回收利用率。各地区参照原农业部《关于印发〈农膜回收行动方案〉的通知》（农科教发〔2017〕8号），采取人工捡拾回收、地膜机械化捡拾回收、全生物可降解地膜等技术措施，采用以旧换新、经营主体上交、专业化组织回收、加工企业回收等多种回收利用方式。

23. 一般工业固体废物综合利用率

指标解释：指行政区域内一般工业固体废物综合利用量占一般工业固体废物产生量（包括综合利用往年贮存量）的百分率。固体废物综合利用量指企业通过回收、加工、循环、交换等方式，从固体废物中提取或者将其转化为可以利用的资源、能源和其他原材料的固体废物量（包括综合利用往年贮存量）。有关标准参照《一般工业固体废弃物贮存、处置场污染控制标准》（GB 18599—2001）执行。

24. 集中式饮用水水源地水质优良比例

指标解释：指行政区域内集中式饮用水水源地，其地表水水质达到或优于《地表水环境质量标准》（GB 3838—2002）Ⅲ类标准、地下水水质达到或优于《地下水质量标准》（GB/T 14848—2017）Ⅲ类标准的水源地个数占水源地总个数的百分比。

25. 村镇饮用水卫生合格率

指标解释：指行政区域内以自来水厂或手压井形式取得合格饮用水的农村人口占农村常住人口的比例，雨水收集系统和其他饮水形式的合格与否需经检测确定。饮用水水质符合国家《生活饮用水卫生标准》（GB 5749—2006）的规定，且连续3年未发生饮用水污染事故。要求创建地区开展"千吨万人"（供水人口在10000人或日供水1000吨以上的饮用水水源保护区）饮用水水源调查评估和保护区划定工作，参照《饮用水水源保护区标志技术要求》（HJ/T 433–2008）、《关于〈集中式饮用水水源环境保护指南（试行）〉的通知》（环办〔2012〕50号）、《关于印发农业农村污染治理攻坚战行动计划的通知》（环土壤〔2018〕143号）执行。

26. 城镇污水处理率

指标解释：指城镇建成区内经过污水处理厂或其他污水处理设施处理，且达到排放标准的排水量占污水排放总量的百分比。要求污水处理厂污泥得到安全处置，污泥处置参照《城镇排水与污水处理条例》（国务院令第641号）执行。

27. 城镇生活垃圾无害化处理率

指标解释：指城镇建成区内生活垃圾无害化处理量占垃圾产生量的比值。在统计上，由于生活垃圾产生量不易取得，可用清运量代替。有关标准参照《生活垃圾焚烧污染控制标准》（GB 18485—2014）和《生活垃圾填埋污染控制标准》（GB 16889—2008）执行。依据《关于印发〈"十三五"全国城镇生活垃圾无害化处理设施建设规划〉的通知》（发改环资〔2016〕2851号）要求，特殊困难地区可适当放宽。

28. 农村无害化卫生厕所普及率

指标解释：指使用无害化卫生厕所的农户数占同期行政区域内农户总数的比例。无害化卫生厕所指按规范建设，具备有效降低粪便中生物性致病因子传染性设施的卫生厕所，参照《关于进一步推进农村户厕建设的通知》（全爱卫办发〔2018〕4号）执行。包括三格化粪池厕所、双瓮漏斗式厕所、三联通式沼气池厕所、粪尿分集式厕所、双坑交替式厕所和具有完整上下水道系统及污水处理设施的水冲式厕所等。

29. 城镇新建绿色建筑比例

指标解释：指城镇建成区内达到《绿色建筑评价标准》（GB/T 50378—2019）的新建绿色建筑面积占新建建筑总面积的比例。绿色建筑指在全寿命期内，节约资源、保护环境、减少污染，为人们提供健康、适用、高效的适用空间，最大限度地实现人与自然和谐共生的高质量建筑。

30. 生活废弃物综合利用

（1）城镇生活垃圾分类减量化行动

指标解释：指按一定规定或标准将垃圾分类投放、分类收集、分类运输和分类处理，提高回收利用率，实现垃圾减量化、无害化以及资源化。依据《关于加快推进部分重点城市生活垃圾分类工作的通知》（建城〔2017〕253号），垃圾分类要做到"三个全覆盖"，即生活垃圾分类管理主体责任全覆盖，生活垃圾分类类别全覆盖，生活垃圾分类投放、收集、运输、处理系统全覆盖。

（2）农村生活垃圾集中收集储运

指标解释：指行政区域内开展农村生活垃圾分类试点，建立"村收集、乡储运、县处理"的垃圾集中收集储运网络，建立完善的监管制度。

31. 政府绿色采购比例

指标解释：指行政区域内政府采购有利于绿色、循环和低碳发展的产品规模占同类产品政府采购规模的比例。采购要求按照《关于调整优化节能产品、环境标志产品政府采购执行机制的通知》（财库〔2019〕9号）执行。

32. 党政领导干部参加生态文明培训的人数比例

指标解释：指行政区域内副科级以上在职党政领导干部参加组织部门认可的生态文明专题培训、辅导报告、网络培训等的人数占副科级以上党政领导干部总人数的比例。

33. 公众对生态文明建设的满意度

指标解释：指公众对生态文明建设的满意程度。该指标值以统计部门或独立调查机构通过抽样问卷调查所获取指标值的平均值为考核依据。问卷调查人员应涵盖不同年龄、不同学历、不同职业等情况，充分体现代表性。生态文明建设的抽样问卷调查应涉及生态环境质量、生态人居、生态经济发展、生态文明教育、生态文明制度建设等相关领域。

34. 公众对生态文明建设的参与度

指标解释：指公众对生态文明建设的参与程度。该指标值通过统计部门或独立调查机构以抽样问卷调查等方式获取，调查公众对生态环境建设、生态创建活动以及绿色生活、绿色消费等生态文明建设活动的参与程度。

三、指标可达性分析

国家生态文明建设示范县34项指标中，有32项指标的现状值已达标，已达标指标占94.1%，其中，城镇新建绿色建筑比例和单位地区生产总值能耗两项尚未达标。

根河市属于内蒙古自治区唯一的纯林业城市，辖区内没有嘎查和村屯，没有农村和农民，因此34项指标中默认农村无害化卫生厕所普及率指标达标。

国家生态文明建设示范市34项指标中，城镇新建绿色建筑比例为易达指标，将在2020年12月完成。单位地区生产总值能耗为较难达标，这是因为根河市是高纬度高寒地区，经济总量小，该项指标暂达不到考核要求。规划期间，统计单位地区生产总值能耗控制目标值，提出预警建议，同时不断深化产业转型升级，促进产业智能化、绿色化、高端化、服务化发展，切实控制能源消费总量和优化能源消费结构，大力推进工业能效提升，深入挖掘节能改造潜力，支持重点行业改造升级，强化重点用能单位节能管理。

根河市需要通过生态补偿、转移支付等多种途径积极争取中央、自治区财政资金，运用市场化机制，鼓励和支持社会资金投入生态文明建设，建立并完善政府主导、市场推进、公众参与的多元化投入机制，通过政府财政投入、自筹资金、PPP（公私合作）融资等多种方式拓展资金来源。

四、构建目标责任体系

为保证规划中各项指标的可达性，要将生态环境放在经济社会发展评价体系的突出位置。生态文明建设各项指标是否能够完成，领导干部是关键，要树立新发展理念、转变政绩观，就要建立健全考核评价机制，压实责任、强化担当。建立责任追究制度，从以下四方面构建"以改善生态环境质量为核心的目标责任体系"。

一是明确责任主体。落实领导干部生态文明建设责任制，严格实行党政同责、一岗双责。党委和政府对生态环境保护工作及生态环境质量负总责，制定生态环境保护责任清单，把任务分解落实到有关部门（表5-2）。各相关部门要履行好生态环境保护职责，制定生态环境保护年度工作计划和措施。

二是建立科学合理的考核评价体系。建立生态文明建设考核目标责任体系，突出绿色发展指标和生态文明建设目标完成情况的考核，加大资源消耗、环境损害和生态效益等指标的权重。

三是建立自然资源资产负债表编制方法。加快开展自然资源资产负债表的编制工作，建立领导干部自然资源资产离任审计制度，严格考核问责，考核结果作为领导班子和领导干部综合考核评价、奖惩任免的重要依据，形成约束性规范。

四是重视生态环境保护人才队伍建设。通过多种途径和措施引进生态环境保护人才，形成一支生态环境保护队伍。

表5-2 根河市生态文明示范县建设任务分解和目标责任体系

领域	序号	指标	指标落实牵头单位	重点工作	完成时限
生态制度	1	生态文明建设规划	生态环境局	委托科研单位、编制《根河市生态文明建设示范市规划》	已完成
	2	党委政府对生态文明建设重大目标任务部署情况	生态环境局	部署生态文明建设目标和任务	已完成
	3	生态文明建设工作占党政实绩考核的比例	组织部	制定相应考核机制和办法	已完成
	4	河长制	农水局	在全市全面推行河长制	已达标，并常年坚持
	5	环境信息公开率	生态环境局	城市污水处理达标率；饮用水合格率；水源地达标率定期公开	已达标，并常年坚持
	6	依法开展规划环境影响评价	生态环境局		
生态安全	7	环境空气质量： （1）优良天数比例； （2）PM2.5浓度下降幅度	生态环境局	实施大气污染防治行动计划	已达标，并常年坚持
	8	水环境质量： （1）达到或优于III类水质比例提高幅度； （2）劣V类水体比例下降幅度； （3）黑臭水体比例消除比例	生态环境局	实施水污染防治行动计划	已达标，并常年坚持
	9	生态环境状况指数	生态环境局	开展生态调查，完成县域生态环境质量考核	已达标
	10	林草覆盖率	林业局	准确统计辖区的森林覆盖率、林草覆盖率	已达标，并常年坚持
	11	生物多样性保护： （1）国家重点保护野生动植物保护率； （2）外来物种入侵； （3）特有性或指示性水生物种保持率	林业局；市场监管局；生态环境局	重点保护物种不受到外来物种入侵	已达标，并常年坚持
	12	海岸生态修复： （1）自然岸线修复长度； （2）滨海湿地修复面积	生态环境局		已达标
	13	危险废物利用处置率	卫生和计划生育局；生态环境局	妥善处理辖区产生的医疗废物和其他危险废物	已达标
	14	建设用地土壤污染风险管控和修复名录制度	生态环境局		已达标
	15	突发生态环境事件应急管理机制	生态环境局		已达标
生态空间	16	自然生态空间： （1）生态保护红线； （2）自然保护地	生态环境局		已达标
	17	自然岸线保有率	生态环境局		已达标
	18	河湖岸线保护率	生态环境局		已达标

（续）

领域	序号	指标	指标落实牵头单位	重点工作	完成时限
生态经济	19	单位地区生产总值能耗	统计局	统计单位地区生产总值能耗控制目标值，提出预警建议	2020.12
	20	单位地区生产总值用水量	水利局	统计地区生产总值用水量，控制目标值	已达标，并常年坚持
	21	单位国内生产总值建设用地使用面积下降率	国土局		已达标，并常年坚持
	22	农业废弃物综合利用率： （1）秸秆综合利用率； （2）畜禽粪污综合利用率； （3）农膜回收利用率	农业局	不断提高禁烧监管水平；做好秸秆综合利用规划、指导、协调；采用废弃物综合处理利用技术模式，就近就地肥料化利用	已达标
	23	一般工业固体废物综合利用率	生态环境局	构建一般工业固废从产生、运输到处置的全过程信息化监管体系，推动固废的可用尽用	已达标
生态生活	24	集中式饮用水水源地水质优良比例	水利局、生态环境局	供水设施完好，取水和输水工程运行安全，确保水源不被污染	已达标
	25	村镇饮用水卫生合格率	疾病预防控制中心	杜绝水源污染，扩大自来水普及率，加强饮用水水质监测	已达标
	26	城镇污水处理率	住房和城乡建设局	完成城镇污水处理规划和建设	已达标
	27	城镇生活垃圾无害化处理率	住房和城乡建设局	完成城镇垃圾无害化处理设施规划与建设	已达标
	28	农村无害化卫生厕所普及率		无	没有嘎查和村屯
	29	城镇新建绿色建筑比例	住房和城乡建设局	城镇新建绿色建筑比例≥30%	2020.12
	30	生活废弃物综合利用： （1）城镇生活垃圾分类减量化行动； （2）农村生活垃圾集中收集储运	生态环境局	继续实施	达标
	31	政府绿色采购比例	财政局	政府绿色采购比例≥80	已完成，常年坚持
生态文化	32	党政领导干部参与生态文明培训的人数比例	党校	党政领导干部每年参加生态文明人数比例100%	已达标，常年坚持
	33	公众对生态文明建设的满意度	城市社会经济调查队	按照根河市生态文明建设示范市规划	已达标
	34	公众对生态文明建设的参与度	城市社会经济调查队	按照根河市生态文明建设示范市规划	已达标

第六章 生态空间体系建设

生态文明建设与国土空间规划向新体系的转型，对生态空间体系建设提出了更高的科学性和实施性要求。生态空间体系建设着眼于国土空间格局优化的目标，分析国土空间利用现状与问题，提出主体功能区与生态文明建设分区方案，从而有效落实生态空间管控，维持生态系统的结构与功能稳定，并为区域健康发展提供可持续的生态系统服务。

一、国土空间格局优化思路与目标

（一）优化思路

按照《内蒙古自治区人民政府关于自治区主体功能区规划的实施意见》《内蒙古自治区人民政府办公厅关于印发划定并严守生态保护红线工作方案的通知》有关要求，根据根河市自然生态属性、资源环境承载能力、现有开发密度和发展潜力，统筹考虑未来区域人口分布、经济布局、国土利用和城镇化格局，遵循区域分工、分类指导和协调发展的原则划定具有特定主体功能定位的空间单元，依照空间单元的主体功能定位调整完善区域政策和绩效评价，优化布局生态、生产、生活空间秩序，形成科学合理的生态空间结构。

（二）优化目标

从空间发展趋势和自然生态系统关键服务入手，分析根河市空间发展格局，明确生态红线与开发边界，推进"多规合一"，制定优化国土空间开发格局的建设途径和管控措施，着重从生态安全格局构建和生态安全屏障建设等方面建立生态空间体系。严格落实主体功能定位、生态红线保护和空间用途管制，促进形成生产空间集约高效、生活空间宜居适度、生态空间山清水秀的国土空间格局。

二、国土空间利用现状及存在问题

（一）土地利用现状、特点及趋势

根据根河市2014年土地利用变更调查结果，根河市土地总面积2001033.36公顷，其中，农用地面积1947125.82公顷，占土地总面积的97.31%；建设用地面积8518.53公顷，占土地总面积的0.42%；其他土地面积为45389.01公顷，占土地总面积的2.27%（表6-1）。

表6-1　2014年根河市土地利用现状统计表

地类			2014年土地利用现状	
			面积（公顷）	比重（%）
农用地	耕地		2220.39	0.11
	林地		1938453.48	96.87
	牧草地		0.00	0.00
	其他农用地		6451.95	0.32
	小计		1947125.82	97.31
建设用地	城乡建设用地	城镇工矿	4213.28	0.21
		农村居民点	1104.07	0.06
		小计	5317.35	0.27
	交通水利用地	交通	3078.44	0.15
		水利	70.49	0.00
		小计	3148.93	0.16
	其他建设用地		52.25	0.00
	小计		8518.53	0.42
其他土地	水域		15517.76	0.78
	自然保留地		29871.25	1.49
	小计		45389.01	2.27
土地总面积			2001033.36	100.00

1. 农用地

（1）耕地。根河市2014年耕地面积2220.39公顷，占农用地总面积的0.11%。

（2）园地。根河市2014年园地面积0公顷，占农用地总面积的0.00%。

（3）林地。根河市2014年林地面积1938453.48公顷，占农用地总面积的99.55%。

（4）牧草地。根河市2014年牧草地面积0公顷，占农用地总面积的0.00%。

（5）其他农用地。根河市2014年其他农用地面积6451.95公顷，占农用地总面积的0.32%。

2. 建设用地

（1）城乡建设用地。根河市2014年城乡建设用地面积为5317.35公顷，占建设用地总面积的62.42%。

（2）交通水利用地。根河市2014年交通水利用地面积3148.93公顷，占建设用地总面积的36.97%。

（3）其他建设用地。根河市2014年其他建设用地面积为52.25公顷，占建设用地总面积的0.61%。

3. 其他土地

（1）水域。2014年根河市水域面积为15517.76公顷，占其他土地总面积的34.19%。

（2）自然保留地。2014年根河市自然保留地面积为29871.25公顷，占其他土地总面积的65.81%。

4. 根河市土地利用特点

（1）土地资源比较丰富，耕地分散，人均耕地面积小

根河市土地资源的总体特征是数量大，土地总面积占呼伦贝尔市土地总面积的7.8%，但人口密度比较小，2016年人口密度为7人/平方千米。根河市地貌主要由大兴安岭山地组成，山地多，平地和低丘陵地区少，耕地分布不集中。山地区主要为有林地、疏林地、灌木林地和林间草地。耕地沿S301省道和根河河岸两侧分布相对较多，在根河市的北部地区，满归、阿龙山和金河等镇耕地很少。2014年，根河市人均占有耕地面积仅为0.0147公顷。

（2）以林为主的土地利用结构特点突出

从土地利用结构看，根河市三大类用地中农用地面积占土地总面积的97.31%。农用地中林地所占比例最高，为农用地总面积的99.55%，其他农用地面积为农用地总面积的0.32%，耕地所占比例最小，仅为0.11%。林地比例较高的土地利用结构为城市发展提供了绿色生态屏障和开放空间，有利于生态环境的建设与保护。

（3）土地利用生态效益较高，经济效益偏低

全市96.87%的土地为林地，由于实行严格的保护措施，木材采伐等林业开发活动基本禁止，林地主要体现的是生态效益，直接的经济效益很低。同时，建设用地所占比例很少，仅为0.43%，第二产业和第三产业的发展空间较小，加之建设用地利用率较低，使得根河市土地利用的总体经济效益偏低。

5. 根河市土地利用变化趋势

（1）耕地面积有所下降，但将维持适当规模

根河市没有基本农田保护区，随着退耕还林政策的进一步落实，以及城镇发展和基础设施建设的推进，耕地面积将继续下降，但适量的耕地面积是维持农业空间的基础，也是规划的重要目标。土地利用总体规划确定了一般农地保护区，明确了耕地保护范围。通过制定和严格执行农用地转用审批和耕地"占补平衡"制度，可以有效地保护耕地。2014年，根河市耕地面积为2220.39公顷，根据规划，根河市耕地保有量将不低于1782.95公顷。

（2）林业用地略有增加并保持稳定

2008—2014的6年中，通过废弃地复垦项目的实施，农村居民点用地转为林地，根河

市林地面积增加367.48公顷,总面积达到1938453.48公顷,占根河市国土面积的96.87%。按照规划要求,根河市未来将继续加强植树造林,进一步增加林业用地的面积,逐年提高森林覆盖率,使林业用地面积在更高水平上保持稳定。

(3)建设用地总规模继续增加

2014年,根河市建设用地总规模为8518.53公顷,随着社会经济稳步发展,根河市城乡建设用地和交通水利用地也将有所增加。根据《根河市土地利用总体规划(2009—2020年)(调整完善版)》,预期土地利用规划期末年(2020年)将达到增加8874.40公顷,增加355.87公顷,此后仍会继续增加。

(4)土地利用集约度进一步提高

经过多年的开发建设,根河市土地节约集约利用程度总体较好,单位国内生产总值(GDP)建设用地大幅度降低。随着根河市经济社会发展需求,建设用地需求量不断增加,而规划建设用地总规模有限,因此,应坚持走内涵挖潜、节约集约用地之路,加大对城区、乡镇闲置闲散用地的整合力度,鼓励低效用地增容和深度开发,加大存量建设用地挖潜力度,积极盘活城乡存量建设用地,进一步提高根河市的土地利用集约度。

(二)国土空间利用现状

1. 经济总量稳步提升,产业结构进一步优化

根河市处于经济转型的关键时期,在"生态立市,绿色发展"理念的统领下,坚持转方式、调结构、稳增长、促改革、惠民生,积极培育壮大生态文化旅游、绿色食品加工、特色种养业、木材加工、绿色矿产开发五大接续产业,综合经济实力显著增强。2016年,完成国内生产总值429976万元,其中,第一产业101627万元,第二产业110624万元,第三产业217725万元。三次产业比重由2010年的28.8∶25.7∶45.5调整为2016年的23.6∶25.7∶50.7。优化产业结构、推进三次产业协调发展的努力取得进展。同时加快基础设施建设步伐,不断推进新型城镇化进程。

2. 生态功能分区保护战略逐步实施,生态涵养功能显著提升

在《呼伦贝尔生态示范区建设规划》中,根河市被划为额尔古纳河中游水源涵养林区,主要目标是保护额尔古纳河源头地区的水环境,保证下游用水安全和生态安全,保护大面积集中分布的原始森林。根据上述定位要求,结合根河市的资源环境特征,在《根河市国民经济和社会发展第十三个五年规划纲要》中,确定了构建"三区两城一枢纽"的目标,按照生态功能分区保护战略,相继实施天然林资源保护工程、退耕还林还草工程、额尔古纳河河流湿地防洪调蓄生态功能区工程、自然保护地保护工程、生物多样性保护工程、水生态保护工程、森林生态保护工程、森林防火通道建设工程等项目。目前,根河市森林植被明显改善,生态涵养功能稳步提升,总体生态环境状况良好。

3. 与区域资源、环境、生态等相适应的空间格局逐渐形成

根河市地势大体表现为东北高、西南低,主要特点是山脉绵缓,山顶平坦,这些自然地理特征决定了根河市大的空间格局。根据气候、地貌类型、生态系统服务功能等差异,根河市划分为四大生态功能区:大兴安岭山地寒温型湿润森林区、大兴安岭山地温型湿润半湿润森林区、自然保护地和城镇区。其中,前三类生态功能区构成了根河市生态空间的主体。根河市的生产力布局总体上符合自然生态环境的空间分异特征。包括市区和四镇一乡的城镇区多位于宽阔的河谷地带，基本上呈现沿根河—满归县道分布的状况，农业区则主要分布在根河市两岸灌溉条件较好的平坦地带。

（三）国土空间利用中存在的突出问题

1. 经济发展与生态保护矛盾突出

国家主体功能区规划、大小兴安岭林区生态保护与经济转型规划、国有林区全面禁伐等生态保护政策的落实，使根河市传统的林木采伐、木材精深加工、矿产资源开发等产业发展空间进一步缩小，而接替产业发展缓慢，经济转型过程面临诸多困难。随着城市化、工业化进程加快，建设用地需求量加大，与农用地矛盾比较突出，尤其是根河市区、满归镇、得耳布尔镇等地。得耳布尔镇辖区内新近探明有较大储量的铅锌等有色金属矿，根河市区和满归镇的城区边缘地带也初步探明含有较大储量的有色金属矿和非金属矿，在未来的开采过程中，用地矛盾将更为明显。

2. 行业用地管理协调不畅

长期以来，根河市耕地、林地、草场等不同用地分属于不同行业部门管理，林地主要属于境内内蒙古大兴安岭森工集团管理的5个林业局，耕地一部分属于地方政府，一部分属于林场，草场属于农牧局。由于管理体制不顺畅，各部门按照本部门和本行业的政策措施进行管理，依据相关规定分别认定耕地、林地、牧草地等用地的权属，造成根河市农业、林业和牧业用地矛盾长期存在，致使各部门主体之间土地纠纷时常发生，在一定程度上影响了全市农业和林业经济的稳定发展，也影响了土地统一管理制度的实施。

3. 建设用地集约利用水平较低

根河市建设用地中，工业和住宅用地较多。工业用地主要以林业产品加工类为主，产品多是木材加工的半成品和成品，需要较大的堆放货场和晾晒场，工业用地的容积率偏低。在独立工矿用地中，一些企业布局松散，容积率低，土地产出效益较差。在住宅用地中，部分乡镇的建成区内平房和棚户区较多，发展规模较小，存在着用地浪费，低效利用等问题，节约集约用地水平较低。

4. 发展基础条件薄弱，区域发展不平衡

根河市经济总量偏小，产业结构单一，接续产业发展缓慢，自我发展能力不足，水、电、路等基础设施欠账较多。对外开放的整体实力不强，与周边旗市区没有形成紧密的合作关系，在区域发展竞争上面临较大的压力。另外，根河市各乡镇之间的发展也存在较大的不平衡，得耳布尔镇是三家大型矿山企业的所在地，经济实力明显高于其他乡镇，而金河、阿龙山等镇由于缺少支柱产业，经济基础十分薄弱。

三、主体功能区划分

在《国家主体功能区规划》中，根河市属于国家级限制开发区范围，是大兴安岭森林生态功能区的核心区域。因此，在《根河市国家主体功能区建设试点示范实施方案》中，森林生态功能区的范围覆盖根河市全境。根河市境内分布有内蒙古大兴安岭汗马国家级自

然保护区、伊克萨玛国家森林公园、根河源国家湿地公园等7个自然保护地,面积2980.25平方千米,占全市总面积的14.89%。这些自然保护地被列入禁止开发区。市区和得尔布尔镇是矿产资源和人口集聚的核心区域,面积58.50平方千米,占全市总面积的0.29%,是自治区级点状开发重点镇,被列入重点开发区。除自然保护地和点状开发城镇外,涵盖森林、湿地、水域、林间草地等类型的其他土地均被列入为限制开发区范围,面积16971.25平方千米,占全市面积的84.81%(表6-2)。

在生态文明建设中,根河市将全面实施主体功能区战略,优化城镇布局和产业布局,加强国土空间开发的有效管控,严守生态保护红线,保障生态安全,维护生态平衡,形成与资源环境相协调的主体功能区(附图4)。

表6-2 根河市主体功能区规划定位表

主体功能区划		区域名称	面积(平方千米)	占全市总面积(%)
重点开发区(参照)	点状开发城镇	得耳布尔镇	28.50	0.14
		根河市区	30.00	0.15
	小计		58.50	0.29
禁止开发区	自然保护区	额尔古纳河段哲罗鱼水产种质资源保护区	143.50	0.72
		汗马国家级自然保护区	1073.48	5.36
		阿鲁自然保护区	643.86	3.22
		潮查原始森林自然保护区	117.91	0.59
	森林公园	伊克萨玛国家级森林公园	235.65	1.18
	湿地公园	根河源国家湿地公园	590.60	2.95
		牛耳河国家湿地公园	175.25	0.88
	小计		2980.25	14.89
限制开发区	除禁止开发区和点状开发城镇外,其他区域均为限制开发区	森林、湿地、水域、林间草场等	16971.25	84.81
根河市森林生态功能区	根河市全境	禁止开发区、限制开发区、点状开发城镇	20010.00	100.00

(一)重点开发区

重点开发区是资源富集、交通区位条件优越、经济发展条件较好、开发潜力大的区域,通常具有一定的城镇化和工业化基础。根河市的重点开发区是以市区和得耳布尔镇为主的城镇区,面积58.50平方千米,占根河市土地总面积的0.29%。重点开发区主要分布在地势比较平坦的河谷区,可承受一定强度的开发建设,土地可以用于多种用途开发,较适宜作为城镇建设用地和工业园区发展用地。

重点开发区是根河市未来工业化和城镇化的重点区域,承接限制开发和禁止开发区的人口转移,逐步成为支撑区域经济发展和人口集聚的重要空间载体。要坚持先规划后开发、先评价后建设的原则,切实提高土地利用效率,加强城镇现代服务体系的规划与建设工作；依托根河市兴安经济开发区，全面启动战略性新兴产业集聚基地建设，加快开发区由粗放式发展模式向集约式发展模式转变。充分发挥开发区和基地作用，统筹建设项目，加快推动调结构转方式，不断优化产业布局，提高产业集聚水平。适度发展绿色矿产业，按照"点上开发、面上保护"的原则，在严格保护生态的前提下发展绿色、生态、和谐矿山，打造绿色环保有色金属基地，提高矿产资源开发对财政的贡献率。

（二）限制开发区

限制开发区是指资源环境承载能力较弱、关系到较大区域范围生态安全的区域。根河市限制开发区的面积为16971.25平方千米，占土地总面积的84.81%。除禁止开发区和点状开发城镇外，其他区域均为限制开发区。限制开发区的生态系统类型主要是森林、湿地、水域、林间草场等，是生态资源和旅游资源的集中分布区。限制开发区重点建设良好的生态环境，并以高端旅游产业为龙头大力发展区域经济。限制开发区的发展原则是：

（1）生态优先。强化生态保护，完善生态补偿机制，健全生态屏障体系和生态服务功能。

（2）适度开发。强化森林生态保护，控制区域开发强度，适度提高现有建设用地使用效率。

（3）绿色导向。坚持把环境保护和生态保育作为产业发展的前提，形成以生态旅游业为主的高效生态产业体系。

限制开发区具有比较重要的自然生态服务功能，对维持区域生态安全和可持续发展具有重要作用。在限制开发区内，对资源的开发利用应加以控制，在合理引导下进行适度开发，严格控制城镇建设用地的无序扩张，推行清洁农业生产，高效集约利用现有畜禽养殖业，控制农业生产中面源污染和畜禽养殖污染；调整产业结构，发展生态产业，在保护自然生态环境的基础上，适度发展木材精深加工、林下资源开发、特色种养、旅游观光等产业。

（三）禁止开发区

禁止开发区包括自然保护区、森林公园、湿地公园等自然保护地。禁止开发区面积为2980.25平方千米，占根河市土地总面积的14.89%。

禁止开发区实行严格的土地用途管制制度。不得以任何形式破坏、侵占、非法转让禁止开发区的土地。在禁止开发区内依法使用土地的单位和个人，不得擅自改变土地用途和扩大土地使用面积。禁止开发区的主要任务是封山育林、实行强制性保护，控制人为因素对自然生态系统的干扰，严禁不符合生态功能定位的开发活动。自然保护区对核心区、缓冲区和实验区实行分类管理，其中，核心区严禁任何生产建设活动，逐步实现无人居住。禁止新建道路和其他基础设施穿越核心区。森林公园在珍贵景物、重要景点和核心景区，除必要的保护和附属设施外，不得建设宾馆、招待所、疗养院和其他工程设施。禁止在森林公园毁林开垦和毁林采石、采砂、采土以及其他毁林行为。采伐森林公园的林木，必须遵守有关林业法规、经营方案和技术规程的规定。湿地公园应划定保育区，保育区除开展保护、监测、科学研究等必需的保护管理活动外，不得进行任何与湿地生态系统保护和管理无关的其他活动。湿地公园内禁止下列行为：①开（围）垦、填埋或者排干湿地；②截断湿地水源；③挖沙、采矿；④倾倒有毒有害物质、废弃物、垃圾；⑤从事房地产、度假村、高尔夫球场、风力发电、光伏发电等任何不符合主体功能定位的建设项目和开发活动；⑥破坏野生动物栖息地和迁徙通道、鱼类洄游通道，滥采滥捕野生动植物；⑦引入外来物种；⑧擅自放牧、捕捞、取土、取水、排污、放生；⑨其他破坏湿地及其生态功能的活动。

四、生态文明建设分区方案

《根河市国家主体功能区建设试点示范实施方案》将根河市划分为生态空间、农业空间和城镇化空间，全市国土空间开发强度控制在0.5%以下，推动形成主体功能清晰明确、生产空间集约高效、生活空间舒适宜居、生态空间山清水秀的空间布局（表6-3，附图5）。

表6-3　根河市生态文明建设分区表

类型	范围	面积（平方千米）	比重（%）
生态空间	林地、草地、湿地、河流等	19910	99.5
农业空间	蔬菜种植、特色养殖、苗木繁育等设施农业和集约化养殖场	20	0.1
城镇化空间	根河市区、得耳布尔镇区、金河镇区、阿龙山镇区、满归镇区、敖鲁古雅鄂温克族乡等	80	0.4
合计	根河市全域	20010	100

（一）划定生态空间，确定生态红线保护范围

1. 划定生态空间

生态空间是指具有重要的资源、生态、环境和历史文化价值，需要对开发建设活动加以限制的区域。根河市以建设大兴安岭生态核心区为目标，按照人与自然和谐相处示范区和推进生态文明建设先行区的要求，将林地、草地、湿地、河流等生态功能区划为生态空间，总规划面积19910平方千米以上，占根河市国土总面积的99.5%。按照有利于森林资源保护和管理、有利于林区人民生产生活、有利于经济转型的要求，实施"移民扩镇、迁场留站"的生态移民工程。逐步撤并偏远林场、迁移零散居民点，调整和优化林区局场布局。境内5个林业局在现有基础上撤并林场10个。根河市林业局撤并乌力库玛林场、萨吉气林场、上央格气林场、潮查林场。金河林业局撤并达赖沟林场。阿龙山林业局撤并塔朗空林场、先锋林场、阿中林场。得耳布尔林业局撤并耳布尔林场、二道河林场。结合城镇布局和城镇基础设施建设，将林场移民住房及配套设施建设纳入城镇建设总体规划，引导林业富余下岗人员，向市区、得耳布尔、金河、阿龙山、满归各镇转移和集聚，减轻森林生态压力，构筑城镇和局场双向互动、相互支撑的经济及生态保护格局。依托山地水系和湿地保护区，提高根河、乌鲁吉气河、敖鲁古雅河、激流河、得尔布干河水系及上游河流周围山区生态涵养功能。通过自然保护地建设，增强森林、湿地等生态系统功能。加强根河至漠河、根河至莫尔道嘎、根河至拉布大林交通沿线两侧的生态廊道建设。

生态空间按照《中华人民共和国森林法》《中华人民共和国自然保护区条例》《风景名

胜区条例》等现行法律法规实施保护和利用，明确执法主体，完善执法体系，依法查处各类违法违规行为；建立政府主导、社会监督、公众参与的多层次监管体系。除必要的交通、保护、修复、监测及科学实验设施外，禁止任何与资源保护无关的建设；利用区域内独特的环境、文化资源，充分发挥教育、科研等功能，适当拓展休闲观光、科考探险功能；加快实施生态恢复与修复工程，发挥生态空间的生态屏障作用。

2. 划定生态保护红线范围

生态保护红线是指在生态空间范围内具有特殊重要生态功能、必须强制性严格保护的区域，是保障和维护国家生态安全的底线和生命线。由于生态保护红线具有明显地理边界，合理整合了多部门的生态保护成果，更加全面地关注了多种生态过程，因而也是科学优化空间开发和构建生态安全格局的重要基础。

根河市依据《关于划定并严守生态保护红线的若干意见》《生态保护红线划定技术指南》等规范性文件要求，同时结合根河市的区域定位和自然环境特征，划定了生态红线保护范围。生态红线保护范围总面积17612.05平方千米，占生态空间总面积的88.46%，占根河市国土面积的88.02%。生态红线保护范围所占比例明显高于国家生态文明建设示范县标准。自然保护地和重点生态功能区是生态红线保护范围的主体，森林和湿地生态系统是生态红线的主要保护对象。生态保护红线划定并实施后，通过禁止或严格控制开发强度与规模，将确保根河市森林和湿地生态系统的完整性，促进大兴安岭林区水源涵养、气候调节、生物多样性维护、土壤保持、碳蓄积等重要生态功能的有效发挥。生态保护红线一经划定不得随意调整，并确保面积不减少、质量不下降。

（二）构建立足特色资源与区位优势的农业空间

在《根河市土地利用总体规划（2009—2020年）调整方案》中，根河市未设置基本农田保护区，但仍强调对耕地要应保尽保、数质并重，坚守耕地红线。既要保证根河市耕地保有量不低于1782.95公顷的任务，更要保证耕地质量不下降，坚持水浇地等优质耕地优先保护的原则。除根据国家、自治区和当地政府统一部署纳入生态退耕和二次调查认定的难以利用的部分不稳定耕地以外，其他耕地均纳入耕地保有量。这些措施为根河市适度发展农牧业提供了一定的生产空间。

《根河市国家主体功能区建设试点示范实施方案》划定的农业空间是20平方千米，占国土面积的0.1%，主要分布在敖鲁古雅鄂温克族乡（含中心市区）和得耳布尔镇。按照规模化、集约化发展设施农业和养殖业的要求，在市（镇）郊区等适宜发展地区重点布局蔬菜生产基地、食用菌栽培基地、野生浆果人工种植驯化基地、林木苗木繁育基地、设施农业和集约化养殖基地。

1. 合理利用农牧资源，发展特色种养业

在发展传统种植养殖业的同时，集中力量推进特色种养业向品牌化、集约化、规模化、标准化方向发展。大力发展设施农业，引导农牧业龙头企业和农民专业合作社等经营组织开展无公害、绿色、有机农产品质量认证。本着围绕龙头、连片开发的原则，有计划、有步骤地加强农畜禽产品基地建设，加快推广"龙头企业+合作社+基地+农户"的种养模式。

扩大特色种植业面积，积极推动野生蓝莓人工栽培和驯化，加快繁育新品种，为规模化种植奠定基础。扶持驯鹿饲养、发展驯鹿畜牧业。2003年，敖鲁古雅鄂温克族实施整体生态移民之后，根河市政府在改善猎民生产生活基础条件的同时，扶持猎民饲养驯鹿，加大对驯鹿生存状态的监控力度，为猎民选择适合的牧点并出资购买饲料。聘请国内外专家做驯鹿种群诊断，开展驯鹿疫病防治工作。积极运作驯鹿引种繁育项目，投入近100万元在敖鲁古雅鄂温克族乡建立驯鹿改良站，并从俄罗斯引进鹿种，培育杂交驯鹿。这些措施提高了驯鹿种群的繁育率和成活率。此外，通过人工驯化和围栏放养驯鹿、狍子、野猪等野生动物的方式发展森林畜牧业，将特色养殖与旅游产品开发结合起来，成为根河市畜牧业发展的重要特色。

2. 开发林下资源，发展绿色食品业

做好野生浆果和山野菜等林下资源普查工作，摸清储量及分布情况，为深度开发和产业化发展提供基础保障。充分利用丰富的林下资源，培育发展食用菌、野生浆果、山野菜等绿色食品加工业。以现有加工企业为基础，加大绿色食品产业基地建设，抓好规模化、集约化、标准化生产和经营，扩大生产规模，延长产业链条，拓宽销售渠道，完善服务体系。围绕满足不同消费群体的多元化、个性化需求，调整产品结构，发挥天然、绿色、有机优势，提高绿色食品高端化、稀缺化、品牌化的比重，形成具有市场竞争力的优势产业。重点研发野生浆果系列饮品、保健品和药用品，打造独具特色的大兴安岭高端野生浆果地域品牌。加快发展卜留克产业，打造"中国卜留克之乡"。

3. 建设田园综合体，促进旅游业与农牧业融合

田园综合体是以现代农业为基础，拓展农业的多功能性，融入低碳环保、循环可持续的发展理念，保持田园景色，完善公共设施和服务，发展农事体验、文化、休闲、旅游、康养等产业，实现田园生产、田园生活、田园生态的有机统一和第一、第二、第三产业的深度融合。根河市将积极探索具有北方林区特色的田园综合体建设模式，依托丰富的自然人文风光和林下种养特色资源，以旅游为核心驱动力，大力发展主题农场、庄园、生态园等休闲农林牧复合产业，实现多业态组合和多功能复合。

（三）构建人与自然和谐的城镇化空间

根河市的城镇化空间范围包括根河市区、得耳布尔镇区、金河镇区、阿龙山镇区、满归镇区和敖鲁古雅鄂温克族乡等，面积80平方千米，占根河市国土面积的0.4%。

1. 城镇化空间的基本框架

根据城镇空间发展战略和区域生产力布局及城市的极核增长理论，根河市域城镇将以根河市中心城区为中心，在空间上形成"一核两轴两极点"的空间布局结构。一核指以根河市中心城区为核心，辐射整个市域及周边地区；两轴指由根河—满归纵向城镇发展轴和根河—得尔布尔横向城镇发展轴；两极点是指由满归镇和得尔布尔镇构成的城镇发展极，以特色旅游、工业产业发展带动其他乡镇发展。

在根河市土地利用规划中，按照根河市市域城镇体系空间布局、职能分工以及各区域人口和经济社会发展目标、资源分布状况、产业结构等，合理规划城镇工矿用地布局。优先保障中心市区发展用地，提升其规模等级和经济辐射能力；重点保障交通条件优越，资

源丰富的城镇密集区的重点城镇建设用地，保障重点产业发展用地，挖掘存量用地潜力，提高建设用地节约集约利用程度。

"十三五"期间，根河市城镇空间的发展重点是加强市区和得耳布尔镇建设，构筑"一心一点"的城镇化格局，促进产业集聚和人口集中。"一心"是指根河市区，围绕把根河市建成大兴安岭北部林区中心城市的目标，加快推进城镇化建设，重点吸纳周边乡镇转移人口。"一点"是指得耳布尔镇，要发挥得耳布干成矿带资源优势，在资源环境可承载的前提下，加快开发铅、锌等有色金属矿产资源，建成绿色矿业镇。

2. 城镇开发边界

城镇开发边界是控制城镇空间蔓延、提高土地集约利用水平、保护资源生态环境、引导城镇合理有序发展的公共政策工具，是城镇建设与非建设的重要控制性界线。城镇开发边界既要大力保护城镇周边优质耕地和生态敏感及脆弱区域，守住生态安全底线，又要引导城镇紧凑开发，防止无序蔓延，推动城镇内部结构与外部形态的优化。

根河市城镇开发边界的划定，是以自然限制要素的充分保护为着眼点，首先将自然保护区、森林公园、湿地公园、野生动植物自然栖息地、饮用水源保护区、蓄滞洪区、地质灾害高危险地区、生态公益林、自然岸线、湿地、风景名胜区等生态要素在空间落位，然后划定基本农田，由非建设性要素倒逼框定城市开发边界划定范围，同时综合协调城市总体规划、土地利用总体规划等布局安排，最后确定城镇开发边界。最终确定的根河市城镇开发边界范围总面积为53.41平方千米，占城镇化空间的66.76%，其中，市区（包括好里堡）、敖鲁古雅鄂温克族乡、得尔布尔镇、满归镇、金河镇、阿龙山镇占各自城镇化空间的比例依次为66.43%、37.52%、58.48%、81.79%、71.16%、78.47%。

3. 市区空间布局结构

市区是根河市现状辖区的行政管理中心和经济发展中心，也是根河市文化、教育的集中地。市区突出"绿色、发展、和谐、共赢"的特色，最大限度地保护城市周边自然环境，保持良好的生态环境和自然景观，形成山、水、城一体的城市格局特色，以拟建外环路为依托，形成良好的自然中心城区发展格局。规划期内，市区发展方向以向北和西南为主，构筑北扩西拓的发展格局。北扩是向现有市区的北侧发展，现状主要为棚户区，作为城市新的商业和居住区；西拓是将现有的平房住宅区逐步拆迁，将产业基地逐步迁移至此，形成新的工业区，振兴根河市的第二产业。

根据城市职能、性质和空间布局原则，规划采取"紧凑发展、组团布局、弹性控制"的城市发展策略。围绕构建林业城市、旅游城市、生态城市的基本目标，强调城市空间发展与山水环境的融合，保护根河水系及周边湿地范围，形成各类功能用地在空间上的有机融合，创建根河市优美的人居生活环境。

敖鲁古雅鄂温克族乡址（即敖鲁古雅部落景区）与根河市区距离仅2千米，是未来促进市区发展的重要支撑要素，并且具有较高的提升空间。两者已呈现出强烈的一体化发展趋势。规划将敖鲁古雅鄂温克族乡址纳入到市区空间结构体系中，以凸显城市发展完整性，有效推进一体化发展。

规划确定根河市区空间结构和功能布局为："一轴三片、一主两辅、四大中心"。

"一轴三片"：突出山水林业旅游城市特色，以根河生态湿地景观轴作为根河市区空间格局的主要脉络和依托，维护河流及两侧湿地生态风貌，构建主市区、敖鲁古雅旅游服务区、好里堡产业园区三大片区，提出重点突出、功能完善的总体发展策略。

"一主两辅"："一主"为根河市市区，"两辅"为敖鲁古雅旅游服务区和好里堡产业园区。以主城区为城市功能主体，西部以敖鲁古雅部落景区为核心打造旅游服务区，南部以好里堡区为基础打造产业园区，从而构筑"一主两辅"的城市格局。

"四大中心"：在主城区发展商业金融中心、行政办公中心；在敖鲁古雅旅游服务区建设综合旅游服务中心；在好里堡产业园区建设仓储物流服务中心。

4. 宜居城市建设示范工程

加快实施城市绿化工程，扩大城市生态用地空间，全面建设国家森林城市，构建人与自然和谐的城镇空间，将根河市打造成适于休闲养生的宜居之地。加强森工文化的保护与开发，加快建设"四馆一园"，推进公路、铁路、河流、山麓沿线的洁化、绿化、美化。新增建筑率先执行绿色建筑标准。开展公共机构和既有大型公共建筑用能系统节能改造。支持满归、金河开展国家绿色重点小城镇试点。实施绿色生态城建设示范工程，2025年建成国家级绿色生态城区。保护和抚育宽度为50～100米的防护林带200千米。新建绿色建筑100万平方米，其中，二星和三星级面积占30%以上。在主要街道构建景观绿道系统10千米，实施节能照明、生态化污水处理、中水回用、废弃物处理及利用等绿色市政系统。推动智慧城市、智慧社区、智慧园区建设，建立基础数据共享的城市数据中心，提高城镇化管理水平。

第七章 生态安全体系建设

生态安全主要聚焦于生态系统健康维持和生态服务安全提供,必须要求人类活动影响不得超过临界点,即生态系统必须维持所需的最低的结构水平、活力水平和弹性水平(吴柏海等,2016)。要加大生态系统与生物多样性保护力度,实施包括自然保护地建设在内的重要生态系统保护和修复重大工程,优化生态安全体系。

一、生态功能区建设

生态安全体系建设的重要内容是构建以生态功能区为基础的生态保护与建设体系。根据气候和地貌类型,将根河市划分为大兴安岭山地寒温型湿润森林生态区、大兴安岭山地温型湿润半湿润森林生态区、自然保护地和城镇区4个一级生态功能区。

(一)大兴安岭山地寒温型湿润森林生态区

该区位于大兴安岭山地,主要包括根河境内东北部的绝大部分区域,总面积为18373平方千米,占全市总面积的92.3%,共分为大兴安岭兴安落叶松水源涵养生态功能区、大兴安岭针阔混交林水源涵养土壤保持生态功能区、大兴安岭阔叶林水土保持生态功能区、大兴安岭林间草地水土保持生态功能区、大兴安岭农田生态功能控制区、大兴安岭岭西森林水源涵养土壤保持生态功能恢复重建区、额尔古纳水系(含激流河、布干河、根河、金河、塔里亚)河流湿地防洪调蓄生态功能区。其中,大兴安岭兴安落叶松水源涵养生态功能区最大,占该区总面积的27.7%。

该区为根河市主要生态功能区,地貌特点为东北高、西南低,海拔高度700~1300米,以中山占地面积为最广,整个山脉山势和缓,山顶平坦。河网发育,河谷开阔,坡度在15°以内的缓坡占80%以上,相对高差在100~300米,地势起伏相对较缓。植被类型特点以兴安落叶松林大面积分布为主要标志。由于立地条件不同,形成各种不同的组合类型,其中分布最广泛的是兴安落叶松—杜鹃林。在山地中下部的缓坡上，林下草本层发达而灌木稀疏，构成了兴安落叶松—草类林。在一些丘漫岗和阶地，因排水不良和永冻层存在，喜湿植物和藓类发达，形成了兴安落叶松—杜香林和兴安落叶松—水藓林。在海拔1000米以上山地的上部和顶部，出现兴安落叶松—偃松林。在海拔更高的山顶，由于土层十分瘠薄，气候严寒，低矮的偃松曲林和高山松柏替代了兴安落叶松。该区属于生物多样性极度敏感区，土壤侵蚀敏感性属于较敏感区。

1. 主要生态问题

该区域位于大兴安岭山脊主要林区，区域内众多河流是额尔古纳河水系的上游支流，自然气候融冻引起的水土流失以及曾经的过度砍伐使得森林生态系统所具有的涵养水源、保持水土功能被削弱。

2. 主要保护目标

保护额尔古纳河源头地区水环境，保证下游地区的用水安全；保护大兴安岭原始森林及水源涵养林。

3. 对策措施

实施天然林资源保护工程，对森林实施全面禁伐。发展特种动物养殖业，发展生态旅游业，发展森林副产品产业。加快中心城镇建设，使人口向城镇集中，发展服务性行业，逐步降低林业人口的比例。

（二）大兴安岭山地温型湿润半湿润森林生态区

该区位于大兴安岭岭西，植被类型是以兴安落叶松为代表的针叶林和以白桦、山杨为主的阔叶林，兼有森林草原。该区位于根河市西南部，主要分布范围是得耳布尔镇，面积1532平方千米，占全市总面积的7.7%。包括大兴安岭岭西针叶林水源涵养生态功能区、大兴安岭岭西针阔混交林水源涵养土壤保持生态功能区、大兴安岭岭西阔叶林水土保持生态功能区、大兴安岭岭西森林草地水土保持生态功能区、大兴安岭岭西森林水源涵养土壤保持生态功能恢复重建区、大兴安岭岭西农田生态功能控制区、额尔古纳水系布干和根河河流湿地防洪调蓄生态功能区。

其中，大兴安岭岭西针阔混交林水源涵养土壤保持生态功能区、大兴安岭岭西阔叶林水土保持生态功能区位于大兴安岭西侧，是呼伦贝尔草原向大兴安岭针叶林的过渡地带，以具有岛状白桦林为特征，是出现在低山丘陵的阴坡白桦林与阳坡上发育的草原植被形成交错分布的植被组合，这种岛状分布的白桦林在森林草原地带有十分显著的特点：林木组成简单，结构整齐，林下植物不是很丰富。在根河市的西部和西南部，划分大兴安岭岭西森林草地水土保持生态功能区、大兴安岭岭西森林水源涵养土壤保持生态功能恢复重建区。大兴安岭岭西森林草地水土保持生态功能区主要类型为低山丘陵草甸草原，分布于市境西面和西南面，海拔700~800米的低山丘陵山坡和宽谷。草原与森林交错分布，阴坡多为山杨和白桦，阳坡为山地草甸草原。草原植被组成以中旱生、旱中生植物为主，建群种为贝加尔针茅、日阴菅、线叶菊等，面积虽不大，各种草本群落种类组成丰富、草群茂密，生产力及营养价值高，是优良的打草场与放牧场。局部地段发育有肥沃的黑钙土，目前零星开垦出一些农田，面积较小，划分为大兴安岭岭西农田生态功能控制区。本区年降水量337毫米左右，无霜期年平均80天。

1. 主要生态问题

本区的原始森林历史上经过多次采伐，兴安落叶松林分布面积大量减少，森林涵养水源、保持水土的能力减弱。

2. 主要保护目标

保护额尔古纳水系及源头生态环境，保障呼伦贝尔大草原的用水安全；保护河流湿地。

3. 对策措施

实施封山育林、植树造林，建设源头防护林和水源涵养林，恢复受破坏的森林生态功能区，增强水源涵养能力；坡耕地实行退耕还林还草；种植多年生优质牧草，发展集约化养殖业，建设肉牛、奶源基地；发展林下绿色产业，发展生态旅游，重点建设和发展森林草原旅游区；节约用水，减少水资源浪费；严格控制污水排放，保障用水安全。

（三）自然保护地

自然保护地包括自然保护区、国家公园、森林公园、湿地公园、地质公园、风景名胜区等多种类型，是重要资源、生态系统、珍稀濒危野生动植物的天然集中分布区。目前，根河市境内建有7个重点自然保护地，总面积2980.25平方千米，保护地面积占辖区总面积的14.89%。自然保护地的建设与管理在按照《中华人民共和国自然保护区条例》《国家森林公园管理办法》(2016年9月22日国家林业局令第42号修改)、《国家湿地公园管理办法》(国家林业局于2017年12月27日印发)等相关政策法规确定的办法执行的同时，还要以《建立国家公园体制总体方案》的精神和要求，主动开展管理体制的探索创新，以适应国家自然保护地体系的重大变革，从而更好地保护根河市的自然资源资产（附图6）。

（四）城镇区

城镇区包括市区和四镇一个乡，主要问题是城镇基础设施落后，城镇功能不完善，基础设施建设滞后于城市化。工业废水没有完全做到稳定达标排放，乡镇缺乏集中生活废水处理厂、垃圾填埋场，城镇面貌与经济发展水平较低。发展方向是，坚持发展中心城区，适当发展重点镇，形成由中心城区、重点镇、一般建制镇构成的城镇规模结构；围绕城区形成重点发展区域，从而带动区域发展；严格控制城镇点源污染，强化城镇功能；实施环境综合治理，优化城镇土地利用结构，调整产业结构，改善城市环境（附图7）。

二、自然生态系统保护

根河市境内最重要的自然生态系统是森林和湿地。坚持保护优先、自然恢复为主，把实施森林和湿地生态系统保护和修复重大工程作为建设生态安全体系的重要抓手，持续加大保护力度，全面提升生态系统质量和稳定性。

（一）森林生态系统

森林生态系统保护的主要目标是稳定和提升生态系统服务功能，打造北疆生态安全屏障。

根河市已开展一系列森林生态保护工程，如天然林资源保护、退耕还林、森林抚育、三北防护林、森林防火综合体系、森林防火公路、森林碳汇、自然保护区基础设施建设、人工造林、低质低效林改造、国家级公益林生态补偿、重点区域绿化、人工造林更新、经济植物保护与培育、生态移民等工程。按照多功能林业的发展方向，完善天然林资源保护，以针阔混交、复层异龄为目标，调整和优化林分林龄结构、树种结构和林层结构，提高林分生长量和林分质量。充分利用宜林荒山荒地、火烧迹地、采伐迹地等无立木林地，实施人工造林、人工促进天然更新，培育新一代针阔混交林，恢复和发展森林资源。加强森林经营，对低质低效林进行改造，对适合封育的幼、中、近熟林进行封山育林，对公益林和商品林采取不同的森林资源培育措施，提高森林质量，争取使根河市成为我国重要的木材储备基地。

提高森林防火能力。严格管理林区用火，在重点区域设卡，加强巡护，完善机耕防火隔离带、林区防火指挥中心、林火监测通信系统、直升机停机坪等基础设施建设，提高森林防火车辆、器材等设施装备水平，增强应急处置和扑救能力，最大限度消除火灾隐患。谋划根河—萨吉气、金河—汗马自然保护区、金河—莫尔道嘎、满归—白鹿岛、得耳布尔—上护林等通乡和防火公路建设，提高林区森林防火能力。建立较为完备的森林防火体系，不断提高火险天气、火险等级的预测预防水平。继续实行森林防火工作的行动领导负责制，逐级建立森林火灾综合治理领导组织。建成有一定装备水平、训练有素的专业扑火队伍，实现重点林区不发生特大森林火灾，坚持把森林火灾控制在低发水平。

加强森林有害生物防治。重点建设监测预警、检疫御灾、防治减灾等基础设施，提高危险性森林有害生物灾害的预防和防治能力。加大高新技术设备投入，以森林资源监测系统、中心站为依托，完善监测设施设备，建立管护监测数据处理信息库，建设较完整的森林资源及生态状况管护监测网络体系。

（二）湿地生态系统

根河市湿地生态系统以河流湿地为主。根河市境内河流纵横，主要河流有根河、激流河和得尔布尔河，均为额尔古纳水系一级支流。地表水、地下水丰富，水量的地域分布也较均衡。河流湿地对地下水供应、调蓄洪水、维持额尔古纳河水系水量、保护生物多样性等具有非常重要的作用。目前存在的主要生态问题是湿地萎缩，涵养水源、调节水量能力下降，部分湿地存在开垦现象。主要保护措施包括开展湿地生态保护工程，如根河源国家湿地公园和牛耳河国家湿地公园旅游基础设施建设工程，根河、激流河、得耳布尔河等主要河道整治工程等；严守湿地红线，加强湿地公园内生态保护，建立湿地生态修复机制，保障湿地生态补水，有效开展保护巡护、资源监测、评估分析等工作，提高规范化管理水平；保护大兴安岭原始森林水源涵养林，敞开水域空间，建设沿岸防护林；控制向水系排放污染物，保护额尔古纳河源头根河地区水环境，保证下游地区居民用水安全；协调好城镇建设与湿地保护的关系，禁止湿地开垦，已开垦的限期恢复。

三、生物多样性保护

生物多样性包括物种多样性、遗传多样性和生态系统多样性，是生态安全的重要基础和保障。生物多样性保护的主要形式是建设自然保护地、制定生物多样性保护的法律和政策、开展生物多样性保护宣传和教育等。

根河市拥有丰富的自然生态系统类型和生物资源，是大兴安岭生物多样性保护的重要地区。境内有野生动植物1100余种，其中，野生动物300余种，如中华秋沙鸭、白鹤、马鹿、棕熊等受国家重点保护的动物60余种；有野果30余种、野生真菌110余种、野生药用植物690余种。在加强生态环境保护的同时，根河市将采取积极措施保护野生动植物资源和重要生态系统类型，为维护大兴安岭地区生物多样性做出贡献。

打造以自然保护地核心区为主体的"生态源地"是保护生物多样性的有效途径。"生态源地"是生态保护的核心区域，也是最重要的生境。"生态源地"的物种和生态功能具有向外扩散的趋势，是维护生态多样性的基础，同时在维护现有景观过程的完整性、保证生态系统服务的可持续性，以及防止生态系统退化等方面发挥着不可替代的作用。根河市拥有以自然保护区、森林公园、湿地公园为代表的完整的自然保护地体系，其中，汗马自然保护区、阿鲁自然保护区、潮查自然保护区、伊克萨玛国家森林公园等保存着大兴安岭林区仅存的少量原始森林，为珍稀和濒危野生动植物提供了良好的庇护所。自然保护地的核心区域是根河市重要生态功能保护的重点，由于采取了最严格的保护措施，"生态源地"范围内的生态系统结构总体稳定，对保护根河市生物多样性发挥着重要作用。

为更加有效地开展生物多样性保护，根河市将开展生物多样性保护、森林良种繁育、有害生物防治、水生生物种质资源保护区建设等多项工程，还将完成野生动植物资源基底数调查，实施濒危野生动植物抢救性保护工程，建设救护繁育中心和基因库，维护国家整体物种安全和生态平衡。保护动植物栖息地，有针对性地对珍稀物种进行保护，在保护区内发展旅游业的同时加强管护和执法，严厉打击非法捕猎、乱采盗采等行为。保护区周围新建项目要做好环境影响评价，禁止开工建设对野生动植物生存、繁衍产生不良影响的项目。加大资金和技术投入，争取上级对生物多样性保护的财政补贴和转移支付，完善相应监测、管护设施，建立野生动物救助站，救助失去独立生存能力的野生动物。加强宣传教育，采取多种形式向社会宣传保护生物多样性的重要意义，提升保护意识，调动群众参与保护野生动物的积极性。

四、自然保护地建设

自然保护地有多重目的，包括科学研究、保护荒野地、保存物种和遗传多样性、维持环境服务、保持特殊自然和文化特征、提供教育、旅游和娱乐机会、持续利用自然生态系统内的资源、维持文化和传统特征等。随着生态文明体制改革的深入推进，以国家公园为代表的自然保护地体系正在从试点走向推广。我国已经在12个省先后开展了10个国家公园体制试点，并计划以大熊猫、东北虎豹、亚洲象、雪豹等旗舰物种为主要保护对象建立物种类型国家公园，以三江源、祁连山等重要地理单元为标志建立生态系统类型的国家公园，还要规划建立以保护青藏高原生态环境为目标的"世界第三极国家公园群"，最终形成以国家公园为主体的自然保护地体系，构建国土生态安全屏障。

大兴安岭林区是我国自然资源和生物多样性较为丰富的地区，也是我国北疆的重要生态安全屏障。根河市作为大兴安岭核心区域，除了拥有以兴安落叶松为主的北方针叶林生态系统和寒温带湿地生态系统外，还有独特的驯鹿物种，是我国唯一的驯鹿之乡。目前，根河市拥有多个国家级、自治区级和地方级的自然保护地，涵盖自然保护区、湿地公园、森林公园等保护类型（表7-1），是生态安全体系的重要组成部分。为了更好地开展自然保护地建设，根河市将推进以国家公园为主体的自然保护地体系建设，积极争取将境内的重要自然保护地纳入国家公园体系，建立健全自然保护地相关法规和管理制度，从而保护大面积完整的自然生态系统和生物资源，并为公众提供更好的精神享受、科研科普、自然教育和游憩体验机会。

表7-1 根河市重点自然保护地基本情况

保护地名称	保护地类别	保护级别	保护对象	面积（公顷）
汗马国家级自然保护区	自然保护区	国家级	原始林	107348
阿鲁自然保护区	自然保护区	自治区级	原始林	64386
额尔古纳河段哲罗鱼国家级水产种质资源保护区	自然保护区	国家级	冷水鱼	14350
潮查自然保护区	自然保护区	地方级	原始森林和珍稀野生动物	11791
伊克萨玛国家森林公园	森林公园	自治区级	珍稀野生动植物和自然景观	23565
根河源国家湿地公园	湿地公园	自治区级	湿地生态系统和野生动物	59060
牛耳河国家湿地公园	湿地公园	自治区级	湿地生态系统和野生动物	17525

（一）汗马国家级自然保护区

位于大兴安岭林区西北坡，总面积107348公顷，为国家级自然保护区。主要保护对象是寒温带苔原山地明亮针叶林原始生态系统。该区域位于伊勒呼里山西北部的岭脊部分，属剥蚀苔原区，平均海拔1000~1300米。该区多年冻土分布广而深，使耐寒冷、耐潮湿、耐瘠薄的兴安落叶松得以广泛繁衍。该区水源良好，掩蔽条件好，林地藓类和地衣以及灌木偃松为鹿、紫貂等珍贵动物创造了良好的生栖条件。区内栖息着古北极、东北区、大兴安岭亚区寒温带针叶林动物群落中的绝大多数动物。

（二）阿鲁自然保护区

位于满归林业局的最北部，面积64386公顷，是多种珍贵稀有野生动植物资源的庇护所和一些重要河流的发源地。主要保护对象是森林及珍稀野生动物。有鸟类30余种，鱼类和其他动物20余种。

（三）潮查自然保护区

位于根河市林业局原潮查林场，总面积11791公顷，主要保护对象是原始森林和珍稀野生动物，为地方级保护区。潮查自然保护区植物种类相对丰富，共有野生维管植物72科204属352种；植物区系成分多样，在较小的范围内聚集了大兴安岭北部山区大部分植被和群落类型，具有典型的地域特征。

（四）牛耳河国家湿地公园

公园位于金河镇，面积17525公顷，保护对象是湿地生态系统和野生动物。公园湿地资源丰富，类型多样，包括永久性河流湿地、草本沼泽、灌丛沼泽、森林沼泽湿地等。公园划分为五大功能区，即湿地保育区、恢复重建区、宣教展示区、合理利用区及管理服务区。湿地保育区主要开展保护、监测等保护管理活动，总面积9332.68公顷，占公园总面积的53.25%。恢复重建区总面积5756.03公顷，通过植被恢复、牛轭湖水系连通等恢复工程，逐步恢复湿地公园周边山体裸露区域，并连通现有的河流水系，进一步扩大湿地面积。湿地宣教展示区总面积541.23公顷，为进入湿地公园的科考人员提供更便利的科研条件，展示最新科研成果。合理利用区总面积1860.41公顷，主要建设项目有牛耳河风景园、生态露营地、野外拓展基地等。管理服务区总面积4.73公顷，包括公园的管理机构、服务接待以及医疗设施。

（五）额尔古纳河段哲罗鱼国家级水产种质资源保护区

额尔古纳河根河段哲罗鱼国家级水产种质资源保护区总面积14350公顷，其中核心区面积2600公顷，实验区面积11750公顷。保护区范围在东经120°40′50″～122°32′50″，北纬50°23′35″～51°11′30″之间。核心区位于萨吉气林场以东根河上游（122°32′50″E，51°11′30″N）至约安里林场内（122°15′15″E，51°1′25″N）根河沿线干支流、湖泡、湿地等区域。实验区位于根河中上游，从约安里林场内（122°15′15″E，51°1′25″N）沿根河河道西至姑子庙下游（120°40′50″E，50°23′35″N）根河沿线干支流、湖泡、湿地等区域。主要保护对象为哲罗鱼、细鳞鱼，栖息的其他物种有达氏鳇、施氏鲟、黑龙江茴鱼、狗鱼、鲤、鲫、银鲫、东北雅罗鱼、大鳍刺鳑鲏、麦穗鱼、重唇鱼、棒花、泥鳅、花鳅、鲶鱼、江鳕、葛氏鲈塘等。

（六）根河源国家湿地公园

位于根河市郊区，面积59060公顷，保护对象是湿地生态系统和野生动物。湿地公园拥有森林、沼泽、河流、湖泊等多种生态系统，是众多东亚水禽的繁殖地，是目前我国保持原生状态最完好、最典型的寒温带湿地生态系统。

（七）伊克萨玛国家森林公园

位于满归镇境内，面积23565公顷。公园内蕴藏着丰富的自然资源，树种以兴安落叶松为主，其次是白桦、樟子松、山杨等。被列为国家级保护的植物有岩高兰、归心草、西伯利亚红松、黄芪等。主要兽类有驼鹿、马鹿、棕熊、狍子、野猪、雪兔等56种。其中，国家一级重点保护兽类有紫貂、貂熊，国家二级保护兽类8种。飞禽主要有花尾榛鸡、细嘴松鸡、猫头鹰、金雕等227种及11个亚种，其中，一级保护鸟类8种，二级保护鸟类32种。

为保护这些极为重要的自然资源，根河市实施了自然保护地保护工程。以汗马国家级自然保护区、潮查原始森林保护区、阿鲁自然保护区、牛耳河湿地公园、哲罗鱼国家级水产种质资源保护区5个自然保护地和伊克萨玛森林公园为重点，通过封山育林、人工造林、退耕还林、划定生态保护红线、建立空间准入机制等措施开展保护工作，争取各类自然保护区规范化建设达标比例大于90%，受保护的区域面积超过全市总面积的60%。

五、生态建设和修复

组织实施重大生态建设和修复工程,深入实施天然林资源保护、退耕还林还草、水土保持等重点生态建设工程,开展大规模国土绿化行动,加强水土流失综合治理,不断巩固扩大生态安全体系建设成果。

(一)加大生态保护红线内生态建设力度

开展生态保护红线区域内林地、森林、湿地、陆生野生动植物以及自然保护区、森林公园、湿地公园的地面监测、保护和监督管理。

沿生态保护红线设置警示性界桩或界标,建立生态保护红线项目准入制度,在生态保护红线区域内,限制城镇化和工业化活动,禁止建设破坏生态功能和生态环境的工程项目,除重大道路、市政等公益性项目及旅游设施建设项目外,其他类别的建设项目原则上禁止进入。确保自然生态用地性质不转换、生态功能不降低、空间面积不减少、保护责任不改变。

建立资源环境承载能力监测预警机制,针对生态脆弱区和濒危动植物资源,提供生态风险防范、生态保护和恢复性措施;探索编制自然资源资产负债表,建立生态环境损害责任终身追究制。进一步加大生态保护投入,推进自然保护地的提档升级,推进水源地保护、湿地保护、水土保持、植被恢复、野生动植物保护、天然林资源保护、退耕还林、人工造林等生态整治工程,不断提升涵养能力。目前,在划定的生态红线保护范围内尚有984.75公顷的耕地,应尽快落实退耕还林。

(二)构建生态廊道,筑牢生态安全屏障

生态廊道是具有生物多样性保护、洪水调控、水土保持、污染过滤、景观联通或隔离等多种功能的带状景观要素,是生态安全体系的重要组成部分。根河市河流密布,河网密度系数为0.15~0.25千米/平方千米。这些河流水系是连接和沟通"生态源地"和自然保护地的天然纽带,也是重要的生态廊道。保护河流水系生态环境是根河市生态廊道建设的重要内容。目前采取的主要措施包括,严格实施河长制,禁止工业和生活污水直接排入河流,采矿活动中加强水资源循环利用,降低水资源消耗,加大对尾矿的处理力度和循环利用,减少对水环境的影响等。重点加强对根河、激流河、金河、乌鲁吉气河、敖鲁古雅河等市域主要河流两岸林木种植和抚育等生态环境保护、维护和建设的措施。在严格的保护措施下,根河市的河流水系总体上处于自然状态,生态廊道功能稳定发挥(附图8)。

道路既是人员通行和物资运输的保障,也是重要的生态廊道。打造交通干线生态廊道可以促进生态系统之间的物质、能量和物种交流,提高抵御生态风险能力。根河市已重点规划根河至漠河、根河至莫尔道嘎、根河至拉布大林交通沿线的生态廊道建设内容,如通过植树造林增加景观连通性、减少水土流失、预设动物通道、降低汽车噪声对动物的惊扰、避让动物等。生态廊道建设与道路景观设计的有机结合,形成了人与自然和谐相处的理想场景。穿行在根河境内的林间公路,时常可以看到野生动物出没的身影,凸显出道路的生态廊道功能。

（三）加强生态公益林建设，落实退耕还林政策

生态公益林建设是生态保护和修复工作的重要内容。根河市积极组织开展生态公益林补偿基金制度，制定相应的补偿措施和补偿办法，解决生态公益林建设对部分林区居民生产生活造成的影响，补偿相应损失。同时采取各种措施，通过多种途径发展当地经济，提高居民收入，为生态公益林建设提供有力的社会与经济支持。在生态公益林建设中，强化水源涵养林和风景林建设。在穿越市区、镇区的河流两岸建设水土保持林，保护堤岸，涵养水源，减少水土流失。加强中心市区及市域主要河流两岸的生态维护建设，全面改善根河市中心城区周边的自然生态环境，大幅度增加城市绿地、生态林地和生态湿地。重点建设中心城区根河市沿岸景观区，将改善中心城区及敖鲁古雅部落景区周边生态环境与旅游景观建设相结合，通过生态环境建设营造良好的休闲度假环境。全市境内正在形成防护林纵横交错、相互联结，林种结构合理、生态效益显著的防护林体系。

落实退耕还林政策可以有效保护生态脆弱区和重点保护地区的生态环境。根河市将严格限制林地、湿地转为建设用地；严格监督建设用地占用林地，打击非法开垦森林、湿地，坚持林地、湿地保有量不减少的目标要求；对已开垦的林地、湿地尽快拿出退耕方案，并采取有力的措施，确保退耕还林还湿落实到位。

（四）防治水土流失

根河市位于寒冷地区，且地貌以山地为主，河流沟壑纵横，加之长期大面积的森林采伐，水土流失成为主要的生态问题。根河市的水土流失类型以冻融侵蚀为主，其次是水力侵蚀。全市水土流失面积2151.68平方千米，占全市总面积的10.8%。

融冻侵蚀主要包括2个强度级别和4种侵蚀类型。

Ⅱ级侵蚀，面积13820.77平方千米，轻度侵蚀，无明显侵蚀现象。这一类型分布在原始林区和生长郁闭较好的次生林中，是沟壑土壤融冻侵蚀的主体类型。

Ⅱ2级侵蚀，是冻涨热融作用侵蚀类型，主要分布在中小河谷、塔头沼泽中，在年均气温-3℃线以北尤为发育，在海拔高的一些大河上游河谷亦很发育，面积为1003.15平方千米，占全市总面积的5%。

Ⅱ3级侵蚀，是寒冷风化—重力蠕流—流水作用侵蚀类型，主要分布在海拔700米以上地区，在山脊及两侧沿线分布比较集中，面积为6.5平方千米，占全市总面积的0.03%。

Ⅱ4级侵蚀，是冻涨冻裂—流水作用侵蚀类型，主要分布在干寒阳坡和半阳坡，属于土层薄、植被覆盖极差、人为活动频繁的地区。侵蚀面积1142.03平方千米，占全市总面积的5.7%。

水土流失治理的主要措施是结合天然林保护工程，通过封山育林、植树造林、退耕还林还草等措施，增加植被覆盖。在城镇建设和道路等基础建设过程中，及时恢复受损植被，从而防范和减少水土流失。根据全市发展整体布局做好矿产资源开发规划，按照"谁开发谁保护，谁损坏谁恢复"的原则，重点加强呼伦贝尔山金、森鑫、比利亚等矿业对水土流失的治理与修复，强化尾矿治理，杜绝新增人为水土流失面积，达到保持水土、涵养水源的目的。

（五）建立碳汇交易体系

稳步实施全国天然林碳汇实验区建设，争取在根河建设国家级碳汇经济示范区。建立碳排放权初始分配制度和建设交易平台，促进碳汇交易市场化。探索建立地区之间的生态交易制度，使生态保护者通过生态产品交易获得收益。

森林碳汇交易作为一个新的经济增长点，还处于起步阶段，做好这项工作，需要全市上下共同努力。应加强宣传和培训，普及林业碳汇知识。通过政府引导，组织新闻媒体，大力开展碳汇相关的活动，普及林业碳汇相关知识，吸引更多的企业、团体、组织或个人志愿参与到林业碳汇产业发展的行列中来。应有针对性地对管理人员、技术人员以及媒体机构开展碳汇知识培训，促使培训对象深入了解林业碳汇相关的理论和方法，推进区域性林业碳汇试点有序开展。

尽快建立森林碳汇交易市场。根河市拥有巨大的现实吸碳固碳能力和巨大的增汇潜力。应开展建立森林碳汇交易市场的试点。待先行试验示范取得成功经验后，再逐步扩大推广。应明确林业碳汇的项目种类。通过造林、恢复退化生态系统、加强森林可持续管理等措施，可增强陆地碳吸收量。通过减少毁林、提高木材利用效率以及更有效地控制森林灾害，可减少陆地碳排放量。所以，根据我国土地利用和加快林业发展的有关政策规定，可将区域林业碳汇试点的项目种类分为造林再造林项目、减少毁林和森林退化的排放项目以及森林管理项目。

建立区域碳汇交易制度。建立生态价值评估制度，科学地评价排放量、碳汇量等相关数据，这是建立碳汇交易制度的前提。通过制度推动有减排需求的地区到碳汇市场购买碳汇指标，保障有碳汇指标的地区可以通过交易市场卖出相应的指标，通过制度的建立实现森林碳汇功能与节能减排的融合。最终使森林得到更好保护，生态效益得到最大发挥，促进生态保护工作的进一步开展。

完善区域碳汇相关评估、考核机制。应综合考虑地区间经济、社会发展的不平衡因素，包括地理、人口、环境、气候等。根据以上因素设定不同级别的排放指标，这样在控制排放量的前提下保障了经济发展，实现了经济和生态共赢以及可持续发展，也实现了区域碳汇交易的目标。

第八章
环境支持体系建设

环境支持体系建设包括大气环境、水环境、土壤环境、声环境和固体废弃物的综合治理，以及环境基础设施和监管能力建设等内容。环境支持体系建设要从加强源头严防，加快污染治理，改善环境质量，防范环境风险等多个环节入手，通过污水和垃圾处理设施建设、环境监测站建设、突发事件的应急监测和反应能力建设、质量环境信息发布、生态环境损害赔偿等具体措施加以落实。

一、大气环境保护

（一）改善能源结构

根河市将大力推进清洁能源建设，改善能源结构。逐步减少并严格控制燃煤总量，积极开发利用燃气、风能、太阳能和生物质能等清洁能源。制定实施冬季清洁取暖实施方案，优化城市供热结构，推进工业企业余热利用，加快燃煤锅炉和散煤替代，强化气源、电源保障和价格支持，统筹推进"煤改气""煤改电"。在道路、公园、车站等公共设施及公益性建筑物照明中推广使用太阳能光伏电源，鼓励建设与建筑物一体化的屋顶太阳能集热设施。鼓励使用节能产品并制定相应的优惠政策，推广节能建筑、节能产品和节能技术。

改善民用燃料结构，提高燃气在能源消费中的比重，减少居民炉灶排放造成的大气污染。在燃气发展规划中，中心城区管道燃气普及率达到100%，市域各乡镇燃气普及率达到60%。市区以管道燃气供应为主，瓶装供应为辅。在好里堡新建燃气储配站。各乡镇积极发展太阳能、生物质气等清洁能源。

（二）减少工业废气排放

市区实施集中供热，废气进行集中处理，保证烟（粉）尘、SO_2等达标排放。市区企业要严格执行"三同时"制度（项目建设中环境保护设施必须与主体工程同步设计、同时施工、同时投产使用），优化工艺流程，推销清洁生产，对污染排放进行全过程控制。对于有组织排放废气采用先进的治理或回收措施，严格按照我国有关规定实现稳定达标排放，不产生二次污染。

禁止新建、扩建高污染工业项目。市政府应当定期参考新建、扩建高污染工业项目名录、高污染工业行业调整名录和高污染工艺设备淘汰名录，对全市进行统一管理和审批，按照污染者担责和谁污染、谁治理、谁付费的原则，确定并公布排污费征收事项和征收标准。

划定并公布高污染燃料禁燃区，并根据空气质量改善要求，规定实施步骤，逐步扩大禁燃区范围。向大气排放粉尘、有毒有害气体或恶臭气体的单位，应当安装净化装置或者采取其他措施，防止污染周边环境。

禁止原煤直接燃烧，煤炭要洁净利用，将污染型的煤炭转换成清洁的燃料，再用作锅炉的燃料。对于燃煤工业锅炉，尤其是小容量的燃煤工业锅炉，优先燃烧清洁燃料，从源头上控制燃料燃烧产生的SO_2和烟尘。淘汰落后小锅炉，所有工业锅炉采用洁净燃烧技术。重点工业区和重点企业的燃煤锅炉要安装烟气脱硫、脱硝、除尘装置，有条件的企业实施使用清洁能源的改造。

（三）机动车尾气综合防治

严格实施国家机动车排放标准，完善新生产机动车环保型式核准制度，积极普及新能源汽车，提高机动车排放水平。以开展柴油货车超标排放专项整治为抓手，统筹开展油、路、车治理和机动车污染防治。加快淘汰老旧车辆，推进老旧柴油车深度治理。

完善机动车环境管理制度，加强机动车环保定期检验，实施机动车环保标志管理，对排放不达标车辆进行专项整治。

加快车用燃油清洁化进程，强化车用燃油清洁剂核准管理，加快车用燃油低硫化进程，增加优质车用燃油市场供应。

提升汽车尾气污染监测能力，大幅度减轻SO_2和NO_X的排放强度，有效降低大气环境中的TSP和PM_{10}的浓度。

大力发展公共交通，完善城市交通基础设施，改善居民步行、自行车出行条件。

（四）控制扬尘污染

加强矿区及扬尘综合整治。推进绿色矿山建设，到2025年，全部矿山达到国家或自治区绿色矿山建设标准。强化矿山开采、储存、装卸、运输过程污染防治，对污染环境、破坏生态的矿山依法予以关闭。

严格道路和施工扬尘监管，将施工工地扬尘污染防治纳入建筑施工安全生产标准化文明施工管理范畴和城市综合执法检查重要内容。扩大道路机械化清扫和洒水范围，城市建成区道路机械化清扫率达到国家考核要求。

房屋建筑、市政基础设施施工、河道整治、建筑物拆除、物料运输和堆放、园林绿化等活动，应当采取措施，防治产生扬尘污染。建设单位应当将防治扬尘污染的费用列入工程造价，并在工程承发合同中明确施工单位防治扬尘污染的责任。建设工程施工现场应当采取必要的限定措施。将施工单位的施工现场扬尘违法行为，纳入施工企业市场行为信用评价系统。

煤炭、水泥、石灰、石膏、沙土等产生扬尘的物料应当密闭储存；不具备密闭储存条件的，应当在其周围设置不低于堆放物高度的围挡并有效覆盖，不得产生扬尘。建筑土方、工程渣土、建设垃圾应当及时运输到指定场所进行处理，在场内堆存的，应当有效覆盖。运输垃圾、渣土、砂石、土方、灰浆等散装、流体物料的，应当依法使用符合条件的车辆，安装卫星定位系统，密闭运输。

建筑垃圾资源化处置场、渣土消纳场、燃煤电厂储灰场和垃圾填埋场应当实施分区作业，采取措施防止扬尘污染。

（五）控制饮食业油烟污染

加强对现有饮食业污染源的管理，降低大气中VOC和PM_{10}等对大气的污染。按照国家有关规定，制定饮食油烟防治监管办法，加强污染防治，对不达标的企业实行停业整顿，或通过工商部门予以取缔。在技术上，通过优化新建项目，推广高效油烟净化技术，保障油烟净化装置正常运行。

二、水环境保护

（一）水源地保护

加强水源地保护力度，有效保障饮用水安全。持续开展集中式饮用水水源保护区规范化建设，落实"划定""立标""治理"三项重点任务，提高饮用水水源环境安全保障水平。保护城镇集中式饮用水源的水体及上游地区的生态环境，加大对点源污染的治理力度，重视非点源污染。开展天然林资源保护和水源涵养林工程。重点河流流域及周边水源地启动生活污水、人尿粪、畜养废水和动物尿粪的集中处理，确保饮用水源地水质稳定达标，保障供水安全。以建制镇为重点，加快乡镇集中式合格饮用水源保护区建设，改善饮用水源水质。禁止在水源地周围开展工业活动，地表水、地下水饮用水源保护区严格执行国家《饮用水水源保护区污染防治管理规定》。

将水源取水口附近河流水域及其两侧50米的陆域划定为饮用水源地一级保护区，一级保护区外1000米的水域及陆域划定为二级保护区。各级保护区的卫生防护规定如下：

（1）取水点周围半径100米的水域内，严禁捕捞、停靠船只、游泳和从事可能污染水源的任何活动，并应设有明显的范围标志；

（2）取水点上游1000米至下游100米的水域，不得排入工业废水和生活污水，其沿岸防护范围不得堆放废渣，不得设立有害化学物品仓库、堆站或装卸垃圾、粪便和有毒物品的码头，沿岸农田不得使用工业废水生活污水灌溉及施用持久性或剧毒农药，不得从事放牧等有可能污染该段水域水质的活动；

（3）把取水点上游1000米以外的大约1500米河道划为水源保护区，严格控制上游污染物排放量，排放污水时应符合《污水综合排放标准》（GB 8978—1996）的有关要求，以保证取水点的水质符合饮用水水源水质要求；

（4）水厂生产区的范围明确划定，并设立明显标志，在生产区外围不小于10米的范围内不得设置生活居住区和修建禽畜养殖场、渗水厕所、渗水坑，不得堆放垃圾、粪便、废渣或铺设污水渠道，应保持良好的卫生状况和绿化；

（5）在单井或井群影响半径范围内，不得使用工业废水或生活污水灌溉和施用有持久性毒性或剧毒的农药，不得修建渗水厕所、渗水坑、堆放废渣或铺设污水渠道，并不得从事破坏深土层的活动。

（二）水资源循环利用

1. 工业污水治理与再生利用

工业企业通过积极推行清洁生产和技术革新，改进工业用水循环系统，加强冷却水和低污染水的循环利用，减少废水排放量和提高重复用水率。得耳布尔镇的矿产企业可以选择合适的大容量采空区作为天然过滤池和沉淀池，对矿井废水采取循环利用。

从整体上积极推行清洁生产，淘汰落后的生产工艺和重污染工业，从源头上减少工业污水的排放。加强管理，定期对现有企业污水处理设施的出水水质进行检测，做好污水处理设施的维护和管理，提高设备的完好率，保证处理设施正常运行和达标排放。重点监控主要排污企业，限制这些企业向市政管网排入浓度超标的污水，避免由于超标污水的排放造成污水处理厂超负荷运转，从而影响污水处理厂的出水水质。

2. 生活节水与废水再利用

大力开展节水宣传，提高全民节水意识，提高水资源的利用效率。积极推广各种节水技术，包括供水管网优化技术、供水管网改造防漏技术及管网检漏技术、各种用户节水型器具技术、城乡污水处理设施布局优化技术、污水再生利用技术等。加大节水管理力度，积极推广使用节水器具，提倡家庭一水多用。大力发展循环用水系统、中水回用系统及雨水收集工程等，逐步建立城乡水资源循环利用体系，推行绿化和道路清扫使用中水。

（三）水环境治理

1. 水污染物治理

加强城镇污水处理设施建设，提升现有污水处理设施的处理能力和标准。市区内建设完善的雨污分流系统，完善区内排水管道系统，并确保各污水管线的封闭性。市区内所有污废水进入污水处理厂集中处理，工业企业污废水需经过预先处理，符合《污水排入城市下水道水质标准》（CJ 343—2010）的规定后，方可排入污水处理厂。大幅度提高污水处理能力和效率，有效减轻城镇生活污水中COD和NH_3-N的排放强度。对生产过程中可能渗漏废液和废水的企业，应铺设防渗膜，防止污水渗入地下，杜绝地下水污染。

治理畜禽养殖污染，加大畜禽养殖的集约化和规模化管理，以发展粪便资源化综合利用作为畜禽粪便污染防治的主要方式，提高畜禽粪便综合利用水平，有效削减养殖业COD和NH_3-N污染物的排放量。

2. 加强污水处理厂运行管理

加强污水处理厂的监管，保证处理设施正常运行。主要从以下几个方面加强污水厂的运行管理。

（1）加强对来水水质、水量的控制，保证来水水质、水量在污水处理厂承受能力范围内。

（2）加强设施的维护和管理，提高设备的完好率，关键设备要备足维修器材和备用设备，保证一旦事故发生能及时处理。建立严格的运行检测系统，包括计量、采样、检测、报警等设施，发现异常情况及时调整运行参数，以控制和避免事故的发生。在污水厂安装在线检测仪，在溢流口安装流量计。

（3）建立完善的档案制度，记录进厂水质水量变化引起污水处理设施的处理效果和排水水质的变化情况，尤其要记录事故的工况，以便不断总结经验，杜绝事故重复发生。

（4）采取必要的措施解决由于污水厂维修以及市区污水排放高峰造成的污水厂集水井容量不够的问题。

（5）保证污水厂后续处理工艺正常运行。后续处理工艺能够有效去除污水中的磷，并进一步降低水中COD浓度，同时为满足后续湿地处理的进水要求，必须保证污水厂后续处理工艺的正常运行。

3. 乡镇生活污水景观化处理

由于污水处理厂建设成本较高，除市区外，根河市的四镇一乡尚未建设污水处理设施。现有生活污水长期积存、下渗，可能对地下水质构成严重威胁。乡镇生活污水景观化处理是解决这一问题的有效途径。与传统污水处理技术相比，生活污水景观化处理技术具有出水水质稳定、建设运行成本低、管护方便、适用范围广等特点，适合于远离市政管网、居住分散的农村使用，符合建设资源节约型和环境友好型社会的要求。

（1）技术原理

生活污水成分复杂，有机物含量高。有机物主要有食物纤维、淀粉、脂肪、动植物油脂、各类作料、洗涤剂和粪尿等。根据污水有机质成分，可选取与当地环境相协调的挺水植物建造景观湿地，景观湿地系统可根据污水水源位置、管道布局及景观要求进行设计，系统可大可小，可建设分散单元，也可建设集中系统，且形状亦可因地制宜。建成后，通过一系列生物、物理、化学的协同作用，包括过滤、吸附、共沉、离子交换、植物吸收和微生物分解来实现对污水的高效净化。

（2）生活污水景观化处理的特点和优势

①出水水质稳定。一是处理质量高。生活污水景观化处理技术的显著特点之一，是其对有机物有较强的降解能力，COD、生化需氧量（BOD）的去除率可达80%~95%，N、P的去除率可分别达到80%、90%以上，对病原体也有相当高的去除率，出水水质达到《城镇污水处理厂污染物排放标准》（GB 18978—2002）一级A标准；二是处理彻底，不产生泥污，没有二次污染。经过处理的出水水质稳定，可作为景观用水和中水回用，用于生态化循环利用，促进水资源合理利用，具有明显的生态效益。

②建设和运转成本低。一是工程投资成本低。工艺简单、设备少，工程投资低，一般生活污水景观化处理工程投资仅为传统污水处理技术的1/3到1/2。二是运行费用低。运转

过程中，能耗少，设备故障率低，维修方便，极大降低了运行成本。运行成本仅为传统处理技术的1/20，有效解决了"有钱建设，无钱运行"的矛盾。

③管护方便。相比于传统处理方法，景观化处理技术的工艺和设备较为简单。系统的机器设备只有2个抽水泵，维护和管理极为方便。不需要专业知识，普通人稍加培训就可以上岗，这也降低了相当一部分的人力成本。

④适用范围广。由于技术先进、工艺简单、设备少、成本低廉等优势，"农村生活污水景观化处理"技术适用于平原、丘陵乃至山区的各类农村和观光农业园，既可以一个乡镇建设一个规模设施，也可以一两户、三五户建设分散设施，同时，适用于餐饮、洗浴、粪便、养殖等多种结构类型的污水。

（3）生活污水景观化处理的主要做法

建设人工湿地系统：根据污水水质特点和排放规模，建设人工湿地系统。系统主要有四个部分构成：①具有透水性的基质，如土壤、砂、砾石；②好氧和厌氧微生物；③水生植物，如芦苇等；④水体（基质中流动的水）。利用自然生态系统中的物理、化学和生物的三重协同作用，通过过滤、吸附、共沉、离子交换、植物吸收和微生物分解来实现对污水的高效净化。

设专人兼职管护：由于工艺简单、设备少，因此雇用本地居民即可对设备进行兼职管护。同时，制定必要的设备维护管理细则，并对管护人员进行必要的培训。

建设中水利用设施：作为污水处理的终端，处理后的中水可作为景观、洗刷、绿化灌溉等使用。因此，需配套建设中水利用设施，实现水资源的循环利用。

三、土壤环境保护

全面实施土壤污染防治行动计划，突出重点区域、行业和污染物，分类推进土壤环境保护与污染治理，构建土壤环境质量监测体系，有效管控农用地和城市建设用地土壤环境风险。

（一）林地土壤保护

根河市土地利用类型以林业用地为主，2014年林地面积1938453.48平方千米，占总面积的96.87%，森林覆被率高达91.7%，主要土壤类型是棕色针叶林土。林地土壤污染现象很少，基本处于自然状况。林地土壤存在的主要问题是水土流失，加强水土流失治理是改善林地土壤环境的主要工作。可通过提高林分质量、增加植被覆被等途径有效地减少水土流失现象发生，提高林地土壤的水源涵养、生物多样性维持和碳汇等能力，充分发挥林地土壤的生态功能。

（二）耕地土壤保护

根河市人均耕地面积仅为0.22亩[①]，耕地资源极为匮乏，因此，在严格保护耕地的同

---

① 1亩=1/15公顷，下同。

时，应强化耕地环境风险管控和污染防治。一是增加有机肥投入，以肥养地，改善耕地土壤环境。有机肥不仅可供给植物营养物质，而且对改善土壤理化性状、耕性和土壤生物活性具有独特的作用。要充分利用畜牧业产生的粪便，走养畜增肥，用肥养地，种养结合的良性循环路子。二是加强农田水利建设，增加灌溉水源，扩大灌溉面积，确保耕地不受干旱影响。同时要做好排涝工程建设，增强抗御自然灾害的能力，达到旱能灌、涝能排。三是发挥大型农业机械作用，走农业现代化道路。依靠大型机械对农田进行松、翻、耙、耧、压等标准作业。加深耕层，打破板结土壤，改善土壤结构，提高土壤对水分的保护、运行、调节、利用及排泄功能。根河市气候环境特殊，要因地制宜，科学种植严寒地区适宜生长的农作物。四是要防治耕地污染，对工矿业废水、化肥、农药、固体垃圾等污染源进行防治，创造良好的耕地环境。

（三）建设用地土壤保护

严格建设用地环境准入和监管。完成全市重点行业企业用地土壤污染状况调查，掌握污染地块分布及其环境风险情况。逐步建立污染地块名录，对列入名录的污染地块结合土地用途严格落实调查评估、风险管控、治理与修复等措施，防范人居环境风险。建立污染地块联动监管机制，将建设用地土壤环境管理要求纳入用地规划和供地管理，严格控制用地准入，强化暂不开发污染地块的风险管控。严格执行土壤污染重点行业企业布局选址要求，结合新型城镇化和产业结构调整，有序搬迁或依法关闭对土壤造成严重污染的企业。要在有污染风险的区域建立污染场地长期监测制度，如果检测结果超标，应及时修复。修复之前必须做好现场调查与采样检测，了解现场污染程度，并制定、筛选相应的修复方案。

（四）土壤环境状况调查评估

在现有相关调查基础上，以农用地和工矿企业用地及其周边为重点，开展全市土壤污染状况详查。建立全市土壤污染数据库，理清全市土壤中污染物种类、来源和分布，评估土壤污染潜在的生态风险，建立根河市区及各乡镇的土壤环境质量数据库和区域污染防治信息管理平台。以耕地、工矿用地为重点，划定全市土壤环境优先保护区域，完成优先保护区土壤环境质量评估分级，建立优先区域土壤环境管理数据库。

四、声环境保护

根河市城镇区域环境噪声测点达标率分别为97.2%、97.6%、98.4%，且各类区域昼间和夜间各年度均达标，可见城镇声环境质量良好，满足声环境功能要求。

根河市声环境影响因素主要是交通噪声、采暖锅炉引风机噪声及生活噪声。车辆行驶产生噪声影响道路两侧环境质量。尤其是位于主要干道的较集中的销售点，用于货物运输的车辆行驶、车笛产生的噪声对该区声环境质量影响较大。市区内有各类锅炉190多台，这些锅炉房设计不合理，引风机没有设噪声防护措施，引风机运行噪声影响周围环境质量。分布于市区的室外商业市场、娱乐场所产生的喇叭声、叫卖声为主要生活噪声。

（一）道路交通噪声防治

合理规划新老交通网，优化交通系统，降低交通量。道路建设必须规范化，提高路面质量，种植行道树，形成绿化隔离带。重要地段适当设置隔音墙体降低噪声。

特殊功能区，如文教区、高级疗养区、风景名胜区等，可设置禁行路障，或采取禁鸣喇叭、限制交通量等措施，以便尽量降低噪声强度。

（二）施工噪声防治

建筑施工单位向周围生活环境排放噪声，应当符合国家规定的环境噪声施工厂界排放标准。

禁止夜间在居民区、文教区、疗养区进行产出噪声污染、影响居民休息的建筑施工作业。

对居民区周围建筑施工实行严格时间控制，禁止或限制使用噪声大的施工方法或机械。

施工单位要做到文明施工，采取隔音、屏蔽等措施，严格控制建筑噪声。

（三）社会生活噪声防治

商住区的商业单位不得使用高音喇叭招揽顾客，体育馆、娱乐场所不得对外安装高音喇叭，必须使用音响设备时，控制音量，避免影响周围居民的工作、学习和生活。

使用家用电器、乐器和在室内开展娱乐活动的应控制音量，不得干扰他人。

对临街建筑，加强防噪措施，例如加装隔音百叶扇、吸音板等。

五、固体废弃物处理

加强固体废弃物污染防治，建立较为完善的固体废弃物处理体系，在城市中推行垃圾分类处理，促进废弃物回收和循环利用。发挥市区垃圾处理场的作用，加快推进得耳布尔、金河、阿龙山、满归各镇的垃圾处理项目建设。

（一）工业固废综合利用

提升工业固体废物处置水平。出台资金奖励和补助政策，推进工业固体废物源头减量和综合利用。集中整治大宗工业固体废物堆存场所，鼓励企业开展工业固体废物资源综合利用评价，到2020年，工业固体废物产生集中的园区必须配套建设处置设施，全市工业固体废物综合利用率达到55%以上。

鼓励再生资源回收利用产业和环保产业，限制乃至禁止严重浪费资源或损坏环境的产业发展。鼓励企业以最有效的方式利用资源，实现低投入、高产出。鼓励开发和推广先进的生产工艺和设备，遵循循环经济思想，发展物质循环利用工艺，充分合理地利用原材料、能源和其他资源，减少工业固体废物的产生量。鼓励采用先进的、不产生或少产生二次固废的综合利用工艺，减少二次固废的产生量。

建立专门的工业固废处理处置中心，参与和指导重点污染企业工业固废的综合利用和处理处置工作，负责分散工业固废的收集、运输、分类处理处置，对工业固废进行多途径、多渠道利用与处置，并及时有效地监督工业固废的产生量、处理处置和综合处理量。

定期监测分析工业固废渣场渗出液、附近地下水和土壤有毒有害物质的运行机制，系统调查工业固废渣场水文、地质背景和条件，使管理部门及时掌握工业固废堆放场污染和危害程度，并作为监督管理的执法依据。

按标准要求整改或搬迁不达标渣场，使渣场的选址、设计、施工达到有关标准，按标准完善堆满部分的封场、覆土工作和按新建渣场要求做好未堆部分的防渗、防漏、防洪等措施，减少和消除污染事故隐患。

遵循减量化原则，推广用量大、成本低、经济效益好的工业废物综合利用技术。目前采用较为广泛的是掺入建材制造、铺设路基以及回填矿井采空区等方式。遵循资源化原则，以工业固废为原料，开发技术含量高、经济附加值大、社会效益好的产品，如活性粉末混凝土、氮氧化物耐火材料、保温矿棉、功能陶瓷材料等。

（二）生活垃圾分类、清运、处理

深入开展生活垃圾分类回收工作，把现有混合投放的垃圾分为厨余垃圾、可回收物、有害垃圾、其他垃圾四类，以不同颜色的垃圾桶进行分别收集，再利用和处理，推进垃圾减量化、资源化和无害化。

（1）厨余垃圾。厨余垃圾是指生活垃圾中，烹饪（做菜）、用餐（吃饭）等情况下产生的垃圾，包括剩余饭菜、西餐糕点等食物残余；菜梗菜叶；动物内脏、鸡骨鱼刺；茶叶渣、水果残余、果核瓜皮；盆景等植物的落叶；废弃食用油等。处于垃圾集中收集后可投入沼气池生产沼气，或运送到肥料制造工厂，作为肥料资源化利用。

（2）可回收物。可回收物是指直接进入废旧物资回收利用系统的生活废物，可卖给专门的加工厂作为原材料重新利用，主要包括纸箱、废报纸、杂志、各种塑料包装及制品、玻璃、废金属等。

（3）有害垃圾。有害垃圾主要包括各种灯管、灯泡、废旧电池、农药瓶、油漆桶以及卫生网点的医疗垃圾等。可集中送到有分解、处理资质和能力的单位集中处理。

（4）其他垃圾。主要是厕所垃圾（卫生纸、卫生巾）、灰土灰尘、破旧陶瓷等除上述三类以外的垃圾。集中收集后运送至垃圾填埋场填埋处理。

建设生活垃圾分类收集系统，提高分类收集水平，降低后续处理难度。加快增建垃圾分类收集设施，加强分类收集配套设施的建设和使用，配备分类垃圾车辆。加大生活垃圾中转站建设，提高集中收集处理效率。根据垃圾的不同成分，采用综合处理技术路线，规划建设焚烧、填埋和生化处理等新的垃圾处理设施。现有的垃圾场对垃圾只是进行简单的填埋，没有做无害化处理，下一阶段的生活垃圾处理要朝无害化处理方向发展。通过改扩建和新建一批符合规范要求的生活垃圾处理处置设施，彻底解决生活垃圾的环境污染问题。

（三）危险废弃物无害化处置

严格实施危险废物经营许可制度，对产生、经营单位实施全过程信息化、台账化、规范化管理，建立健全危险废物收集、运输、处置全程监管体系，严厉打击危险废物非法转移、倾倒、利用处置及走私洋垃圾等违法犯罪活动。

鼓励危险废物综合利用，实现其资源化。已经产生的医疗垃圾等危险废物应首先考虑回收利用，减少后续处理处置的负荷。回收利用过程达到国家和地方有关规定的要求，避免二次污染过程中产生危险废物。应积极推行生产系统内的回收利用，生产系统内无法回收利用的危险废物，通过系统外的危险废物交换、物质转化、再加工、能量转化等措施实现回收利用。通过优惠政策鼓励危险废物回收利用企业的发展和规模化，鼓励综合利用。

推行清洁生产规划，从源头消减危险废物。以清洁生产为主要手段，针对区域内主要产生危险废物的行业，通过经济和其他政策措施鼓励企业清洁生产，防治和减少危险废物的产生。企业应积极采用低废、少废和无废工艺，禁止采用《淘汰落后生产能力、工艺和产品目录》中命令淘汰的技术工艺和设备。

建立危险废弃物集中处置场，实现危险废弃物处置的集中化管理，既可以保证危险废物实现无害化处理，又便于实现资源的循环利用，同时也为政府的监督管理提供了便利条件。安全填埋是危险废物的最终处置方式。安全填埋处置适用于不能回收利用其有用组分和能量的危险废物，包括焚烧过程的残渣和飞灰。安全填埋场的规划、选址、建设和运营管理，要严格按照国家有关标准和要求执行。因此，为加强危险废物的处置力度，建议政府推进一批危险废物安全处置和综合利用单位。环保部门应加大危险废物环境管理的力度，在具备危险废物集中焚烧处置的地区，应要求产废企业将适合焚烧处置的危险废物，委托持证单位进行安全处置，对不自觉执行的产废企业，可依法进行限期改正和行政处罚。

六、基础设施建设

（一）环境监测设施建设（附图9）

1. 空气监测

空气质量直接影响着人们生存和居住的环境，空气监测设施能够为城市的大气污染治理提供基础性数据。监测点的布设是否合理对监测结果的有效性、准确性有直接的影响。通常在进行监测点位的设置时，需要对周围环境进行彻底的调查，并确保监测点位周围100米内的小环境处于稳定的状态，没有其他影响环境监测结果的外在因素干扰，包括周边能够产生尘土、烟气的厂房、修理厂等。此外，监测点的周围不能存在影响空气流通的建筑物、树木等障碍，且高度应设置在距地面3~15米的高空。在实际工作中，监测工作的重点应当放在布置下风向的空气污染监测点上，并且与另外风向监测点所测得的数据进行对比，最后得出科学精确的监测数据。

根河市得耳布尔、金河、阿龙山和满归4个镇在空间上由西南向东北近似直线排列。根河市盛行西南风，因此，可在四个镇的东北角下风口方向场地开阔的地带分别布设一个空气监测站（表8-1）。根河市区在得耳布尔镇的东南方位，可在市区东北和东南方位分别布设一个空气监测站点（表8-1）。

2. 水质监测

对水质实行有效的监测，离不开合理的监测点的选取。监测点要能采集到具有代表性、全面的水质信息；要保证必要的精度和统计学样本的需求上，布点的个数尽量少；要保证设备的可靠性和数据的正确性。

结合根河市地理环境特征，监测点的布设应有下列要求：①对有废水排入的河流所流经的主要居民区、工业区的上下游，重要支流与干流的汇合处，设置监测断面。②饮用水水源地和流经主要旅游景区、自然保护区、与水质有关的地方病病发区、严重水土流失区及地球化学异常区的水域或河段，应设置监测断面。③监测断面位置要避开死水区、回水区、排污口处，尽量选择河床稳定、水流平稳、水面开阔、无浅滩的顺直河段。④监测断面应尽可能与水文监测断面一致，以便利用其水文资料。

为评价完整根河河流水系的水质，需设置背景断面、对照断面、控制断面和削减断面。背景断面为设在基本上未受人类活动影响的河段，用于评价一个完整水系污染程度。对照断面是为了解流入监测河段前的水体水质状况而设置。这种断面应设在河流进入城市或工业区以前的地方，避开各种废污水流入处和回流处。一个河段一般只设置一个对照断面。控制断面是为评价监测河段两岸污染源对水体水质影响而设置。其数目应根据城市的工业布局和排污口分布情况而定，一般设在排污口下游，废污水与河流的基本混匀处。削减断面是指河流受纳污废水后，经稀释扩散和自净作用，使污染物浓度显著降低的断面，通常设在城市或工业区最后一个排污口下游1500米以外的河段上。

工矿企业会对河流水质造成一定的污染，应当结合根河市水文站的位置在得耳布尔河和根河的上下游分别布设水质监测点。在重要的支流与干流汇合处也应布置监测点，如敖鲁古雅河和激流河的交汇处、孟库伊河和激流河的交汇处、阿龙山河和激流河的交汇处、牛耳河和金河的交汇处、尼吉乃奥罗提河和金河的交汇处、潮查河和根河的交汇处、冷布路河和根河的交汇处等（表8-1）。另外，应按照不同断面种类的布设要求，分类布设背景断面、对照断面、控制断面和削减断面，保证根河境域河流水质的数据完整性。

3. 垃圾处理环境监测

环境监测是垃圾处理设施运行管理的重要环节，是处理设施规范化运行的重要标准，也是城市环境治理考核的重要内容。垃圾处理环境监测主要内容包括：大气、污水、渗沥液、地下水、噪声、卫生指标、进场垃圾组分及理化指标等所有环境因素和污染项目，可全面反映垃圾处理设施环境状况及处理效果。

根河市已规划在市区西北部五峰山后建造大型垃圾处理场，占地面积9.97公顷，是根河市最大的垃圾处理场。为了使垃圾处理设施管理工作进一步规范化，及时跟踪监测其环境状况，应在周围设立垃圾处理设施环境监测站点（表8-1）。首先，依据行业标准实施采样布点，参照城市生活垃圾污染相关控制标准中的内容，来拉电、购置设备等，并对监测井的具体位置情况进行准确的地质勘测；其次，配备较为完善的垃圾处理监测设备仪器，包括紫外分光光度计、热量仪、烟尘采样仪等；在完成监测仪器配备的同时，完善垃圾处理设施环境的监测项目，不断提升监测质量；最后，要加强人员的培训，重视人员对新仪器操作和新技术的掌握，充分学习和借鉴国内外的先进监测技术，使垃圾处理真正实现规范化、标准化。

表8-1　环境监测设施站点布设

监测类型	站点数量	站点位置	监测内容
空气质量	6	市区东北和东南方位，及得耳布尔镇、金河镇、阿龙山镇和满归镇	$PM_{2.5}$、PM_{10}、SO_2、NO_2、O_3、CO等
水体质量	7	敖鲁古雅河和激流河的交汇处、孟库伊河和激流河的交汇处、阿龙山河和激流河的交汇处、牛耳河和金河的交汇处、尼吉乃奥罗提河和金河的交汇处、潮查河和根河的交汇处、冷布路河和根河的交汇处	执行《地表水环境质量标准（GB 3838—2002）》
垃圾处理环境	1	市区西北部五峰山后	执行《生活垃圾卫生填埋场环境监测技术要求（GB/T 18772—2008）》

（二）污水处理设施建设

规划根河市区排水体制采用雨、污分流制。逐步建立完善的城市污水、雨水排放系统，雨水分区域就近排入市区内河流或沟渠，污水经污水管道收集后排至污水处理厂进行生化处理，达到国家排放标准后排放。市域乡镇可根据条件采用分流制或截流式合流制排水系统。规划确定污水集中处理率，市区达到95%，市域各乡镇达到70%。污水量按照平均日给水量的80%计算。

规划保留现状污水处理厂，主要负责市区污水处理；规划在好里堡办事处新建污水处理厂1座，主要负责好里堡污水处理；规划在四镇一乡各建一座生活污水景观化处理设施。

1. 市区规划污水量

根据《城市排水工程规划规范》（GB 50318—2000）的规定，城市污水排放系数宜0.7~0.9，本次规划污水排放系数取0.80，即平均日污水量按平均日给水量的80%计算，日变化系数按取1.4。污水量计算详见表8-2。

因此，确定根河市区污水量近期为1.29万立方米/日，远期为2.45万立方米/日。

表8-2　根河市中心市区总污水量

规划期限	最高日用水量（万立方米/日）	给水日变化系数	污水排放系数	平均日污水量（万立方米/日）
近期（2025年）	2.40	1.4	0.8	1.29
远期（2035年）	4.28	1.4	0.8	2.45

2. 规划污水处理厂

根河市区的污水主要是生活污水和工业废水、市政排水等，根据市区的估算污水量确定污水处理厂规模。规划扩建现有污水处理厂，扩建后规模达到2万立方米/日，并增加污泥处理工艺，占地为7.5公顷，主要处理根河市区（不含好里堡区）的污水。

规划在好里堡办事处西南部新建一座污水处理厂，主要处理好里堡产生的污水，规模为0.5万立方米/日，占地约3公顷。规划污水处理工艺采用我国东北寒冷地区比较成熟的二级生物处理工艺——百乐克（BIOLAK）法。

规划在得耳布尔、金河、阿龙山、满归和敖鲁古雅鄂温克族乡乡现有生活污水蓄积的地方，因地制宜建造景观湿地，进行污水景观化处理。具体工艺流程是，生活污水经过化粪池后进入格栅间，经过格栅过滤除去较大的悬浮物，进入隔油沉淀池，过滤后的污水在隔油池中通过自然上浮法去除含油类物质，在沉淀池中通过沉淀去除大量的悬浮物，再进入调节池，调节池中的污水通过提升泵按照一定的规律间歇进入景观湿地系统，通过整个系统处理达标的清水在湿地的底部汇集排入清水池，在清水池中配有提升泵，根据需要可将处理达标后的清水直接用于绿化灌溉或者作为其他景观水的补充。

3. 市区污水管网规划

根河市区地势东北高，西南低，东西狭长且地势较平坦。规划沿东西向主要道路布置污水主干管，南北向道路布置干管或支干管，污水管道以重力流排水为原则，考虑到地形条件的限制及输水距离较远，根据需要设置中途污水提升泵站1座。污水管道沿规划道路敷设，在道路红线宽度大于50米时，可在道路两侧布管。本规划确定污水管道最小管径采用d400毫米。污水管道坡度尽量与道路纵坡保持一致，力求减小埋深，并尽量布置在其他管线以下。

污水管道收集的城市污水水质应符合《污水排入城市下水道水质标准》（CJ343-2010）的规定，不符合排放标准的污水需经过预先处理。如含重金属离子的废水必须在工厂内进行内部处理或回收；医院污水必须进行消毒处理；含油废水必须进行除油预处理；对生化处理产生危害的各类废水须在排放前进行预处理。

（三）垃圾处理设施建设

规划确定市区垃圾处理率为100%，其他乡镇为70%。规划保留位于根河市中心市区西北部五峰山后的大型垃圾处理场，并在原址上进行扩建，主要处理规划期内市区产生的垃圾。市域各乡镇根据实际自建或合建垃圾处理场和垃圾处理设施，并逐步完善垃圾收集、运输系统。

1. 市区垃圾量预测

规划人均日产垃圾量为：近期为1.4公斤/日，远期为1.2公斤/日。由此预测根河市中心市区垃圾量详见表8-3。

表8-3　根河市中心市区垃圾量

规划人口（万人）	人均产垃圾量（公斤/日）	日产垃圾量（立方米）	年产垃圾量（万立方米）
8.0（近期）	1.4	105	3.8
9.5（远期）	1.2	114	4.2

2. 规划垃圾填埋场

规划垃圾填埋场距离建成区应大于2千米，距居民点应大于0.5千米。填埋场用地内绿化隔离带宽度不应小于20米，并沿周边设置。填埋场四周宜设置宽度不小于100米的防护绿地或生态绿地。填埋场封场后应进行绿化或其他封场手段。规划利用正在根河市区西北部五峰山后建造的大型垃圾处理场，占地9.97公顷，使用年限20年。

3. 垃圾处理设施规划

（1）垃圾收集运输

规划根河市区垃圾收集系统的设施主要由废物箱、垃圾收集点、转运站、垃圾车构成，采用集中混合收集，密封运转，集装箱运输，多元消纳处理的收运处理系统，实现垃圾无害化处理。生活垃圾收集点服务半径不超过70米，市区垃圾应逐步推行垃圾袋装及分类。

医院、疗养院等医疗垃圾通过焚烧等进行无害化处理后单独存放；工业垃圾及建筑垃圾原则上由自己处理，尽可能再生利用，使垃圾资源化、无害化。

（2）垃圾转运站

根河市区均匀设置垃圾转运站，采用小型机动车收运方式，其服务半径为2～4千米，每座用地面积200～1000平方米。垃圾转运站周边设置绿化隔离带，隔离带宽度不小于3米。

七、监管能力建设

（一）突发性环境事故防范与应急体系构建

根河市境内存在多种突发性环境事故的风险，如森林火灾、地质灾害及企业生产可能导致的环境破坏与环境污染事故等。因此，构建突发性环境事故防范与应急体系是生态安全体系建设的重要内容。

要加强环境应急管理能力建设。健全联动的环境事件应急网络，推动环境应急与安全生产、消防安全一体化管理，加快建设环境应急物资储备库，将企业环境应急装备和储备物资纳入储备体系。完善环境风险源、敏感目标、环境应急能力及应急预案等数据库，严格存储、使用危险化学品、有毒有害化学物质的单位应急预案管理。建立政府、企业环境社会风险预防与化解机制，做好舆情监控和环境信访案件查处工作，加大生态环境保护公众参与力度，切实维护环境安全和社会稳定。

突发性环境污染事故的防范与应急密不可分，事前有效防范和事后快速应急处理处置通过应急响应系统有机结合，构成突发性环境事故的防范与应急体系。该体系通过模型模拟、专家系统等方法，评价防范对策与应急处理处置技术的可行性，进行模拟示范与实际运用，并通过反馈作用不断改进和完善。将应急响应系统与应急处理处置技术数据库有效链接，结合地理信息系统（GIS）、远程通信、自动控制、可视化等技术建立快速、准确、高效的事故响应平台，从而在事故发生后做到快速申报信息及预警，调用应急技术，采取应急措施，对事故进行及时、有效的应急处理处置。

（二）环境质量信息发布

根河市地处高寒地区，燃煤消耗量大，并且普遍存在燃烧木材取暖的情况，人均大气污染物排放量大。同时，根河市基础设施落后，各乡镇无污水处理设施和规范的垃圾处理场，缺乏集中式供水系统和规范的集中式供水源地。因此，建立环境质量信息发布制度，根据环境质量监测结果及时发布环境质量信息,对于鼓励全民参与环境治理,改善环境质量十分必要。应对大气、水污染防治项目完成情况和城镇环境质量改善情况进行考核,并将考核结果作为城市环境综合整治定量考核的重要内容,每年向社会公布。同时,加强重点区域水体、空气质量监测,优化重点区域环境质量监测点位,开展酸雨、细颗粒物($PM_{2.5}$)、臭氧检测和城市道路两侧空气质量监测,不断完善环境信息发布内容。

(三)生态环境损害赔偿

生态环境损害是指因污染环境、破坏生态造成大气、地表水、地下水、土壤、森林等环境要素和生物要素的不利改变,以及上述要素构成的生态系统功能退化。2018年《生态环境损害赔偿制度改革方案》在全国范围内开始试行,为环境支持体系的监管能力建设提供了重要保障。

为推动生态环境损害赔偿制度落地生效,根河市将坚持"生态优先"的绿色发展理念,明确生态环境损害赔偿责任制,强化领导干部的生态责任担当意识,努力补齐生态短板,紧抓生态环境的关键问题和薄弱环节,落实生态环境保护责任清单。对于较大的突发环境事件,以及在重点生态功能区、禁止开发区发生的环境污染、生态破坏事件等,将依法追究生态环境损害赔偿责任。

探索完善生态环境损害赔偿的配套制度,以制度约束规范人们自觉保护生态环境的行为。明确生态环境损害责任主体、赔偿范围、赔偿途径等相关内容,形成一套明确的责任划定、技术鉴别、监督机制和运行体系,逐步建立并完善生态环境损害的修复和赔偿制度。加强对环境损害赔偿的监管力度。政府相关职能部门要依法加强监管,全面开展受损生态环境修复和费用赔偿工作,在工作落实中防止"只赔偿、不修复"或"只修复、不赔偿"等不法行为的存在。构建起责任明确、途径畅通、技术规范、保障有力、赔偿到位、修复有效的生态环境损害赔偿制度,加快推进生态根河建设。

第九章
推动生态经济发展

生态经济体系是生态文明社会的主要基础,发展生态经济体系是生态文明建设的重要内容。应以人与自然和谐发展理念、以"自然—社会—经济"系统的动态平衡为目标发展生态产业,全面推进经济发展绿色化、循环化、低碳化,构建科学合理的生态经济体系。

一、产业布局和生态功能区划的一致性分析

要在加快地区经济发展、农村脱贫致富的同时,促进区域生态环境的改善,实现经济效益与环境效益、社会效益的协调共赢,就必须以生态功能区划和资源环境承载能力建设为基础,合理规划和布局产业发展空间格局。其核心要求是生态文明建设必须确保区域空间开发和产业布局符合主体功能区规划、生态功能区划和环境功能区划要求,产业结构及技术符合国家相关政策。

(一)发展方向

根据国家《国家主体功能区规划》,根河市属于国家重点生态功能区——大兴安岭森林生态核心区。应建设保护生物多样性和水源涵养为核心的防护林体系,巩固退耕还林成果。促进人口向城区集中,建设现代林区生态城市,以绿色循环发展为路径,促进养殖业的规模化和集约化发展,加大产业集聚区建设,大力发展绿色经济,加快林下资源开发利用,推进生态旅游业、绿色矿业发展,开展林业碳汇交易试点,建立碳汇交易机制,创新体制机制,强化政策支持,严格空间管控。

(二)重点产业及其布局

按照规模化、集约化发展设施农业和养殖业的要求,在市(镇)郊区等适宜发展区重点布局蔬菜生产基地、野生浆果人工种植驯化基地、林木苗木繁育基地、食用菌栽培基

地、畜禽养殖基地，设施农业和集约化养殖规划总面积控制在20平方千米以内，占国土面积的0.1%，改变分散种植和养殖模式。

促进产业集聚区建设，努力构筑"一心一点"的城镇化格局。"一心"是指根河市区，围绕把根河市建成呼伦贝尔市北部林区中心城市，加快推进新型工业化和城镇化，重点吸纳周边镇转移人口。"一点"是指得耳布尔镇，要发挥得耳布干成矿带资源优势，在资源环境可承载的前提下，适度开发有色金属矿产资源，建成绿色矿业镇。大力发展生态旅游业及相关产业链，注重发展森林旅游、民俗旅游等旅游产业，构建以生态旅游业为引领的生态产业经济体系。

（三）限制（或禁止）发展的产业

限制重化工产业和污染负荷量大的产业，禁止发展不符合产业政策的产业，禁止发展达不到环保要求的产业。

①不符合《国家产业结构调整指导目录》（2013年修订）的建设项目。
②不符合根河市产业规划及主体功能区规划的建设项目。
③除矿山开发及风电等生态类项目选址不在工业园区的建设项目。
④不符合工业园区产业定位的建设项目。
⑤选址不符合环境保护要求及生产工艺不能达标排放的建设项目。
⑥不符合呼伦贝尔市《大气污染防治行动计划》的项目（城市建城区、工业园区禁止新建20蒸吨/小时以下的燃煤锅炉，旗市区政府所在地及环境敏感区禁止新建10蒸吨/小时以下的燃煤锅炉）。
⑦不符合自然保护地管护要求的建设项目。
⑧不符合有关环境保护法律法规的其他项目。

二、生态经济体系构建

生态经济体系是一种保持"生态中性"经济增长的经济体系，即遵循生态学规律和经济规律，在不影响生态系统稳定性的前提下保持较高的经济增长水平，以满足人民日益增长的对美好生活需要的经济体系。生态经济体系特点是：生态影响最小化和生态经济效益最大化、零碳可再生能源为动力驱动、清洁生产与生态产业链有机衔接、简约无废的物质消费与丰富的非物质消费并重（陈洪波，2019）。

以生态学和经济学理念指导发展（王松霈，2000），构建以"绿色、循环、低碳"为核心理念、以产业生态化和生态产业化为主体的生态经济体系，做精以种养业为主的第一产业，整合以绿色矿山、绿色产品加工业为主的第二产业，做强以生态旅游业为主的第三产业，调整优化产业结构，发挥生态优势，构建以生态旅游为引领的生态经济产业体系，通过"旅游+农业""旅游+种养业""旅游+工业"和"旅游+文化创意产业"，实现第一、二、三产业融合发展（图9-1）。

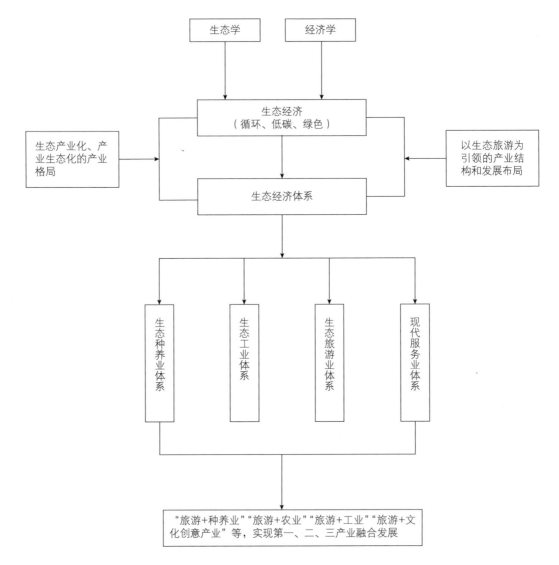

图9-1 生态经济体系构建

三、第一产业发展

（一）发展思路

依托得天独厚的森林生态资源优势，以区域一体化为导向，以生态环境保护和居民增收为核心，以结构调整为主线，以科技为支撑，以创新为动力，以政策为保障，发展以种养业为核心的第一产业，延长产业链条，提高产品附加值，继续发展传统种养业，扶持发展特色种养业，集中力量推进特色种养业向品牌化、集约化、规模化、标准化方向发展，如图9-2所示。

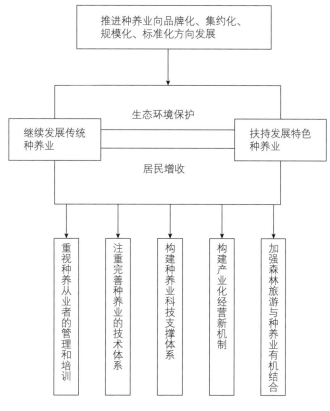

图9-2 种养业发展体系

（二）发展方向和发展重点

1. 继续发展传统种养业

以建设根河市观光农业园区为龙头，大力发展设施农业，引导农牧业龙头企业和农民专业合作社等经营组织开展无公害、绿色、有机农产品质量认证。本着围绕龙头、连片开发的原则，有计划、有步骤地加强农畜禽产品基地建设，加快推广"龙头企业+合作社+基地+农户"的种养模式。

2. 扶持发展特色种养业

在发展传统种植养殖业的同时，集中力量推进特色种养业向品牌化、集约化、规模化、标准化方向发展。

（1）扩大特色种植业面积。积极推动野生蓝莓人工栽培和驯化，加快繁育新品种，为规模化种植奠定基础。发挥呼伦贝尔环球瞭望公司、好里堡山野绿色食品公司、阳光食用菌公司的龙头作用，扩大黑木耳、白灵菇、灵芝、滑子菇等种植规模，提高深加工能力和水平。完善服务体系和营销网络，推进食用菌品牌化、多元化、产业化进程，继续推进蓝莓、灵芝等优势林下产品地理标志认证工作。

（2）壮大特色养殖业规模。引进优良品种，扶优提壮，建立结构合理的良种繁育、饲料供应和疫病防控监督体系，为特色养殖业发展提供有力保障。

（三）主要任务

1. 重视种养从业者的管理和培训

目前，根河市种养业从业者老龄化趋势明显，受教育程度、传统经营习惯影响，科技应用水平普遍不高。种养业发展初期容易出现粗放经营、盲目跟进、贪大求全，极易对林地脆弱的生态环境造成损害。发展种养业迫切需要有一定科技素养、职业技能、经营管理能力以及社会责任感和现代观念的职业居民参与。政府要重视发展职业教育，鼓励居民特别是龙头企业带头人、种养大户带头人参与学历提升教育，提高职业素质，鼓励带动作用强、辐射范围广的龙头企业、林下种养基地对签约居民开展林下生产技能、科技教育和经营管理方面的培训。

2. 注重完善种养业的技术体系

种养业是典型的技术密集型和智力密集型产业，在林木生长的不同时期应采用不同的经营模式，不同的经营模式对应不同的技术体系。需采取林下共生、共栖的设计，生物多样性关系的构建等多种技术体系提高林下生产力，同时注重提升种养业附加值。如采取特色产品加工和功能食品开发技术、种养产品生化成分提取增值技术、标准化生产及保质、保鲜、贮藏和减损技术等。种养业大规模盲目无序的扩展可能会破坏生态环境，导致资源的浪费，因此需采取生态系统循环模式设计、资源节约和废弃物综合利用技术、清洁生产集成技术与模式、环境监测与控制技术等多种技术维护生态安全。

3. 构建种养业科技支撑体系

种养业必须突破传统经营模式的发展瓶颈，实现从经验主导向知识主导、个体单干向组织化发展转变，构建种养业科技支撑体系。加快科技成果转化，以林下开发项目工程为带动，引导专业大户、龙头企业、科技人员开展技术合作和合作经营，搭建企业、科研单位、技术推广单位之间的合作平台，扶持林下科技示范基地、科技示范户，建立产、学、研一体化的科技开发与服务机制。要完善科技推广和技术服务体系。鼓励创办各种形式的专业协会、专业合作社等合作组织，定期提供科技信息服务，开展林下种植养殖实用技术培训，将网络远程教育、实践指导与智能专家系统、技术咨询相结合，日常服务与专题服务相结合，并逐步建立用户评价机制，不断提高林下经济的技术服务水平。

4. 构建产业化经营新机制

在推行"公司+农户""公司+基地"等经营形式的基础上，搞好探索创新，建立企业与农户利益连接机制。引导各类专业合作组织积极与龙头企业对接，形成"龙头+合作组织+农户""龙头+基地+公司"等产业化模式，为龙头企业提供稳定、标准、批量的原料。鼓励金融、保险、科技等要素参与产业化经营，在更大程度、更高层次上实现产供销、种养加、贸工农、经科教、产学研、企银保一体化经营。鼓励龙头企业采取股份制、股份合作制等形式，吸引居民、合作组织以土地经营权、产品、资金、劳力等参股龙头企业，形成以产权为纽带、风险共担、利益共享的经济共同体。在龙头企业建设中，还要注意加强龙头企业自属基地建设，鼓励龙头企业通过租赁土地、吸收土地入股等形式，建设企业自属一体化原料生产基地，把生产基地变成企业的"第一车间"，实现企业管理、技术、资金优势与农村劳动力、土地资源的有机结合，形成种养工厂化、基地车间化，充分发挥其在标准化生产中的带动作用,对起到带动作用的种养户采取以奖代补的方式给予支持。做好农畜产品质量安全认证工作。

5. 加强森林旅游与种养业的有机结合

加强旅游资源基地建设,寻求林地效益的最大化。充分发挥种养业营造景观、传承文化、体验参与性强等多种功能和独特优势,创新推广以种养业为主的多元发展模式。大力发展与种养业等林下经济紧密结合的观光采摘、农事体验、休闲游憩等,进一步拓宽种养业发展领域,不断提高发展种养业的综合效益。改变传统思想,变"单"为"混",促进林与粮(油)、林与药、林与食用菌、林与花、林与菜、林与畜/禽的结合。通过森林旅游提高产品附加值,规划建设休闲茶室、户外休闲活动等方面的生态农业设施,实现资源共享,优势互补,协调发展农业模式,维护林地生态环境,营造具有观赏价值的农业景观,促进林牧、林下食用菌、林农、林药与森林旅游业的融合发展,拓宽产业发展领域。

四、第二产业发展

(一)发展思路

立足大兴安岭北部林区中心城市和呼伦贝尔市副中心城市的区位优势,依托大兴安岭丰富的动植物资源,大力发展以林菌、林药、林果为主的绿色食品加工业,以现有加工企业为基础,加大绿色食品产业基地建设,建立绿色食品产业园区,抓好规模化、集约化、标准化生产和经营,扩大生产规模,拓宽销售渠道,完善服务体系,实现从单一加工制造环节向创新、研发、制造、物流、营销、品牌六大完整产业链延伸,调整产品结构,发挥天然、绿色、有机优势,提高绿色食品高端化、稀缺化、品牌化的比重,形成具有市场竞争力的绿色产业;有序利用得耳布尔矿带,推进得耳布尔矿业采选区整合,加强绿色矿山建设,促进旅游与矿产工业深度融合;充分依托得天独厚的冷资源优势和极寒天气条件,做大冬季汽车、飞机测试产业,建设冷存储基地,建设国家级极端气候条件工业品装备性能测试平台;以绿色、循环、低碳的工业发展实现第一、二、三产业融合,增强工业对经济发展的促进作用和带动作用。到2035年,把根河市建成大兴安岭北部林区重要的原生态绿色食品加工基地,向全国人民提供更多优质的生态产品(图9-3,附图10)。

(二)发展方向和发展重点

1. 绿色产品加工业

(1)林菌加工业

大力发展以黑木耳为代表的食用菌产业,鼓励其他特色食用菌产业竞相发展,依托科技推动人工促进天然生成食用菌产品,打造黑木耳产业基地,培育以环球瞭望为龙头的黑木耳加工企业,促进黑木耳的精深加工,形成"公司+农户+合作社+林场"的发展模式,提高农户的积极性。集中力量建设根河市黑木耳交易市场和物流中心,构建以黑木耳为主导的森林食用菌产业集群,形成全国最大、知名度最高、拥有自主品牌的产业航母,提高国际国内市场话语权。

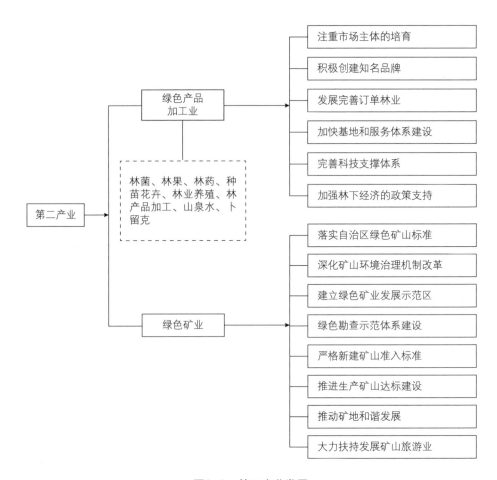

图9-3 第二产业发展

（2）林果产业

林果产业包括坚果产业和浆果产业。

坚果产业：大力发展以红松籽生产加工为代表的坚果产业，加大坚果林的培育力度，充分利用现有生产基地筛选品种，扩大种植范围。整合现有坚果生产加工企业，优化资源配置，提升技术研发能力，大力推行规模化、标准化生产，不断满足人们对安全健康食品的需求。提高企业生产标准，提升产品质量，做大做强根河市坚果品牌，采取先进的市场营销手段，提高产品市场占有率，形成产业规模。

浆果产业：大力发展以蓝莓、蓝靛果生产加工为代表的浆果产业，加大其他浆果的培育力度，保护好天然浆果林，充分利用现有浆果生产基地，加大适应北方气候条件的人工浆果林工程建设，大力推行标准化生产，减少病虫害，确保浆果质量。联合北京林业大学、内蒙古农业大学、东北林业大学等高校和科研机构，搞好技术攻关和新产品研发，引进战略投资者进行深度开发利用，整合全市浆果特色品牌，形成拳头产品，不断开拓国内国际市场，提高知名度和市场占有率。适度发展以沙果为主的食用果品，满足人们对食用水果的需求。

(3) 林药产业

大力发展以有机灵芝为代表，归心草、山参、金莲花、灵芝、白头翁、黄芪、杜香、龙胆为支撑的林药产业，充分利用森林环境和林地资源，培育中草药企业，壮大优势品种的产业规模，注重林下药材的采摘、引种、加工和销售，继续推进"小拱棚、塑料大棚和天然林下"三项有机（不使用任何农药化肥）灵芝栽培技术的推广，研发生产多样化、系列化、优质化，适应国内外市场需求的保健品和医药产品，培育具有根河市特色的中草药品牌。

(4) 种苗花卉等种植产业

大力发展园林苗木产业、温室林业，建设林木种苗及园艺花卉产业基地，打造立足自治区、面向东北亚的林木种苗及花卉品牌生产基地。

(5) 林业养殖产业

严格遵守和执行国家关于野生动物养殖的相关法律法规的前提下，合法合规地发展林业养殖产业。利用林下良好生态环境资源，建设林下养殖标准化产业基地，借助现代林业技术，改进林下种植养殖产品品质。培育壮大以好里堡希望养殖有限公司为龙头的养殖企业，通过典型示范、技术改良、品牌经营，进一步提升林业养殖产业化水平，延伸产业链，逐步实现由传统养殖向现代生态养殖、由单一养殖方式向多元化养殖方式的转变，打造高档特色肉食品、高质皮毛产品生产和加工基地。

(6) 林产品精深加工业

以根林木业和宝山木业等企业为龙头，加强与俄罗斯、满洲里的合作，保证木材的供应，进一步加强木材的精深加工，全力支持木材深加工企业转型发展，加大木屋、木制工艺品研发力度。延伸产业链，促进纤维板、细木工板、木屋、集成材、雪条棒的加工生产，打造北方木材精加工基地。

(7) 卜留克加工产业

根河地区特殊的气候条件种植的卜留克含有20多种对人体有益的微量元素，具有"鲜、香、嫩、脆"等优良品质。通过产业引导、政策扶持等方式，加快发展卜留克产业，扶持本地企业进行卜留克种植、加工，争取引进1家大型的、具有一定知名度的生产加工企业，打造"中国卜留克之乡"。

(8) 山泉水产业

做好水源地勘探、勘查工作，探明水资源储量，加大山泉水开发力度。通过招商引资，积极引入"娃哈哈""王老吉"等国内知名企业，做大根河茗林等山泉水企业生产规模。

2. 绿色矿业

适度发展绿色矿产业。按照"点上开发、面上保护"的原则，在严格保护生态的前提下发展绿色、生态、和谐矿山，打造绿色环保有色金属基地，提高矿产资源开发业对财政的贡献率。加快矿产资源勘查进度，鼓励社会资本参与商业性矿产资源勘查，积极争取国家公益性探矿资金，形成以商业性勘查为主，公益性勘查为辅的地质勘查格局，为矿业持续发展储备资源。做好地热资源勘查工作，将资源优势转化为经济优势。全面加快比利亚谷、二道河子等区块探矿进度，尽快达到探转采条件。继续加大矿产资源开发力度，重点推进比利亚矿业3000吨/日铅锌选厂建设、山金矿业3000吨/日铅锌采选项目试车运行、森鑫矿业2000吨/日铅锌矿采选项目竣工验收工作，争取实施森鑫矿业3000吨/日选厂改扩建项目。

(三)重点任务

1. 绿色产品加工业

(1)注重市场主体的培育

通过各种政策措施,注重培育市场主体。巩固现有的产业链条使现存企业在林区继续发展。同时,进一步扩大市场,考虑承接根河市周边市(县)如额尔古纳市的农产品加工等业务。按照扶优、扶强要求,进一步完善政策,优化环境,改善服务,活化机制,建设一批类型多样、资源节约、产销一体、效益良好的龙头企业。以龙头企业为主体,使产业价值链从单纯的生产制造向价值"微笑曲线"利润最高的两端延伸,从而提高产业链的平均利润率。鼓励各类工商资本、民间资本和其他社会资本投资兴办绿色加工企业。引导企业完善法人治理结构,建立现代企业制度。积极引导龙头企业向优势产区集中,创建绿色产业加工业产业化示范基地,培育壮大区域优势主导产业。

(2)积极创建知名品牌

引导各地及龙头企业、专业合作经济组织树立品牌意识,加强质量管理,增加科技投入,积极争创知名品牌,提高竞争实力。支持龙头企业申报驰名商标、名牌产品。鼓励申报林下经济产品地理标志,提高社会知名度。整合同一区域、同类产品的不同品牌,集中打造优势品牌,增强品牌效力。

(3)发展完善订单林业

龙头企业要在平等互利的基础上,与农户、专业合作社签订购销合同,形成稳定的购销关系。加强对订单生产的监管与服务,增强企业与农户的诚信意识,切实履行合同约定。鼓励龙头企业采取承贷承还、信贷担保等方式,缓解生产基地农户资金困难。鼓励龙头企业资助订单农户参加农业保险。引导龙头企业创办或领办各类林业专业合作组织,支持专业合作社和农户入股企业或单独兴办企业。鼓励龙头企业和专业合作社采取股份分红、利润返还等形式,将加工、销售环节的部分收益让利给农户,共享产业化发展成果。

(4)加快基地建设和服务体系建设

加快兴安经济开发区建设,打造"绿色农畜林产品生产加工基地",推进园区《总体规划》《产业规划》等规划的编制工作。实施品牌发展战略,选择一批具有根河特色的林下经济发展项目,实行"重点品牌、重点打造、重点培育",建成不同类型、独具特色的林下产品加工示范基地。加大市场基础设施投入,规划建设一批全国性、区域性的产地、集散地绿色产品批发市场,推进现有市场的升级改造,提升专业批发市场服务功能。大力发展冷链贮运、连锁经营、产销对接、电子商务等现代物流业和新型营销方式,构建辐射国内外市场的林产品营销网络。培养经纪人,扩大营销专业队伍。支持举办特色绿色林产品展销活动,搭建产业合作、招商引资、经贸洽谈平台,促进产销对接,推动产业发展。

(5)完善科技支撑体系

坚持整合科技资源,使高新技术成果产业化,将高科技融进中小企业,进而发展成大企业。重视加强林业技术创新、技术培训和推广工作,引进和普及优良品种、先进实用技术,为发展林下经济提供技术支撑。组织成立林下经济专家委员会和专家服务团,通过送科技下乡和技术咨询等形式,加快林业科技成果转化。注重技术成果的产业化方向,同时增强科技成果与林业重要生产要素条件相结合的深度和紧密程度,注重从研发到成果、成果到小企业、小企业到大企业的发展壮大过程。重点突破高效分子育种,林业资源开发利用,生物基产品先进加工制造,林业生物质能源转化利用,菌类、坚果、浆果新品开发,现代林业装备制造等关键技术,着力培育战略性新兴产业,支撑林下经济转型升级,引领林下经济向优质、节能、低碳和高效、高值、高端方向发展。

(6)加强对林下经济的政策支持

把发展林下经济纳入经济社会发展总体规划,积极协助林业部门搞好林下经济产业发展专项规划,支持林下经济项目建设。财政部门要充分发挥政府资金的导向作用,加大现有专项资金整合力度,支持发展林下经济;工信、网络通信等相关部门要积极支持林下经济信息化平台建设,扩大网络应用范围,为林下经济主体提供市场和生产要素信息服务;国土资源、环保、交通运输、水利、电力等相关部门要开通发展林下经济所需水、煤、电、油、气、运等生产要素公共服务绿色通道,简化程序。

2. 绿色矿业

(1)贯彻落实自治区绿色矿山标准体系

严格监督矿山企业按照自治区绿色矿山建设标准及绿色矿业发展示范区标准进行建设与整改,以多部门联动的方式进行全方位监督,形成合力。要求新建矿山严格按照绿色矿山标准进行建设,老矿山积极整改限期达标,加快绿色矿山及绿色矿山示范区建设步伐。

(2)深化矿山地质环境治理机制改革

严格落实国家和自治区矿山地质环境治理相关政策及规定,严格执行地质环境治理保证金制度改革。根据自治区现有矿山地质环境保证金激活政策,做好支取和返还一定数额地质环境治理保证金工作,监督矿山企业将返还的保证金用于矿山地质环境保护与治理工作。

(3)建立绿色矿业发展示范区

按照国土资源部《绿色矿业发展示范区建设要求》和自治区绿色矿业发展示范区标准,加快推动绿色矿业发展示范区建设,形成易复制、可推广的矿业发展新模式、新机制,加大宣传力度,形成良好的示范效益。将示范区内全部矿山纳入《根河市第三轮矿产资源总体规划》,严守生态红线,调整矿业产业结构,合理设置矿业权,充分结合去产能与资源整合,合理搭配企业兼并重组和矿山清理退出;推动综合勘查、评价、开发和利用,减低矿山企业能耗、地耗和水耗。

(4)推动绿色勘查示范体系建设

鼓励和支持社会出资的地质勘查项目采用绿色勘查技术,并择优确定绿色勘查试点。发动地勘行业加强研究和推广绿色勘查技术、工艺和方法,减少对地表植被的破坏,逐步建立绿色勘查技术体系。

(5)严格新建矿山准入标准

新建矿山严格执行绿色矿山建设标准。按照内蒙古自治区、呼伦贝尔市要求,整合矿产资源开发利用、矿山地质环境治理以及土地复垦方案,并将绿色矿山建设标准纳入方案中,统一编制、统一审查、统一实施;选择对环境破坏较小的开采方式、采矿技术和选矿方法,最大限度地减少对矿区生态环境的影响和破坏。矿山企业要严格按照国家相关规定开展水资源论证或水平衡测试工作,办理取水许可手续。加强矿山地质环境保护与恢复治理方案和水土保持方案的审查,要严格实行"三同时"制度,监督企业落实保护措施,确保生态保护措施落实到位,矿山"三废"得到有效处理,污染物排放达标。安全监管部门要严格审查安全设施设计,监督企业落实安全措施,确保矿山安全生产。

(6) 推进生产矿山达标建设

在已完成的矿山地质环境详细调查的基础上,按照"谁破坏,谁治理"的原则,落实矿山地质环境治理责任主体。重点加强呼伦贝尔山金、森鑫、比利亚等矿业对水土流失的治理与修复,强化尾矿治理,杜绝新增人为水土流失面积,达到保持水土、涵养水源的目的。继续实施矿山地质环境分期治理制度,严格要求矿山企业编制过期治理方案,实现"边开采,边治理",将矿山"三率"指标执行情况纳入《储量年度监测报告》,鼓励矿山进行技术改造,采取先进的采矿、选矿技术,提高矿山"三废"管理能力,加强矿山控制废弃物排土场面积和数量,切实减少对生态环境的影响。

(7) 推动矿地和谐发展

矿山企业要依法依规进行开采活动,自觉履行法定义务和社会责任,主动建立矿地矛盾协调机构,树立良好企业形象;大力支持地方基础设施建设与民生工程建设,积极改善矿区周边生活环境;组织就业培训,优先安排矿区周边居民以及子女就业,积极开展扶贫救助等惠民活动。充分考虑矿区周边居民生活习惯及习俗,避免矿山企业生产过程影响周边居民正常生活。

(8) 大力扶持发展绿色矿山的接续替代产业——矿山旅游业

以打造绿色矿山为契机,推动矿山生态修复与旅游业融合发展,促进生态修复与旅游业的同步发展,发展绿色矿山的接续替代产业——矿山旅游业。首先,矿山生态修复是发展矿山旅游的前提。旅游业要发展,必然要有良好的旅游环境。而要发展矿山旅游业,就必须通过矿山生态修复来改善旅游环境,使之达到旅游业发展的基本环境要求。其次,发展矿山旅游为矿山生态修复提供动力。旅游业发展要有一定的旅游环境作支撑,那么要发展矿山旅游,就必须率先进行矿山生态修复。通过旅游业为矿山生态修复获得更多政策和资金支持。最后,挖掘矿山旅游资源,实现矿区转型。矿山开采遗留下的历史问题较多,需要兼顾多重效益。因此,需要充分挖掘矿区遗迹等矿山旅游资源,通过开发矿区生态旅游来实现矿区的转型。

五、生态旅游业

(一) 发展思路

依托大兴安岭原始森林、中国冷极、湿地、冰雪等自然资源以及敖鲁古雅使鹿文化、游猎文化、森林文化、蒙元文化等文化旅游资源,紧紧围绕"驯鹿之乡,中国冷极"的总体定位,创新发展模式,转变发展方式,以体制机制创新为先导,以冷极和驯鹿为特色,大力发展生态观光、冷极冰雪体验、驯鹿文化体验、森林避暑养生、湿地科普教育、山地户外运动等多元化的生态旅游产品,加强景区之间、产业之间、旅游与文化之间的链接,将根河市打造为以冷级和驯鹿为特色的森林生态旅游城市,建设具有使鹿民族文化、北欧风情、森工历史记忆的旅游目的地,把生态旅游产业培育成为带动根河市经济发展、产业融合和社会进步的战略性支柱产业(黄杰龙,2018),促进旅游业与各产业的深度融合,通过全域旅游深化生态产品价值实现的现有路径,为根河市实现"绿色崛起"提供有力的产业支撑。

(二)发展布局

根据根河市自然保护区、文化遗产、森林公园、湿地功能、国有林场和其他适合开展生态旅游活动区域的地理分布特征和自然文化资源特征以及生态旅游资源与产品所具有的同构性特征,将根河市生态旅游空间格局划分为"一廊一城五镇五区"(附图11)。

1. 一廊

根河—满归冷极生态景观旅游廊道,对接国家级精品生态旅游线路"中国冷极主题生态旅游线路"(彭福伟等,2017),依托根满铁路、公路交通,串联根河市、敖鲁古雅乡、金河镇、阿龙山镇、满归镇,南接牙克石市、北接黑龙江漠河,牙林西线连接得耳布尔镇,西抵额尔古纳市,通过特色交通+旅游模式,打造南连北接的冷极生态景观旅游廊,建设"穿越大兴安岭"冷极公路景观长廊和"飞越大兴安岭"冷极空铁景观长廊。

2. 一城

依托根河市的山水格局,利用根河市区经济中心、交通枢纽的区位优势,整合根河市区成熟的商业和文化设施,进一步推进根河物流园区、根河产业园区等项目的建设,深入推进中心城区旅游与生态、休闲、城建、文化、交通、特色潜力行业等融合发展,建立林产品精深加工示范基地,建设北欧风情一条街,进一步突显北欧建筑特色,将根河市打造成为集文化娱乐、餐饮购物、泛北极风情度假体验、综合服务、旅游集散等新业态于一体的特色风情小城。

3. 五镇

五大特色小镇建设思路:在确定各镇特色主导产业的基础上,综合各镇的地域特色、生态特色、文化特色和旅游资源特色,充分发挥旅游业的带动作用,逐渐形成较为完整的产业链,提高产品附加值,构建产业互动、文化感染、旅游吸引和旅居向往的旅游目的地和特色产业聚集区。

(1)全力打造"非遗小镇——敖鲁古雅民族乡":立足敖鲁古雅使鹿文化、游猎文化等特色,依托敖鲁古使鹿部落、文化博物馆等资源,紧扣驯鹿文化主题,深入挖掘敖鲁古雅鄂温克文化元素,活化文化特征,树立文化标识,植入影视艺术、工艺文化,进一步推广以敖鲁古雅舞台剧为代表的演艺节目,设置敖鲁古雅风情演艺、非物质文化遗产展演、驯鹿文化体验、狩猎技能比赛等节庆活动,促进驯鹿产业、广播影视业、演艺业、文化创业产业、民族手工业等产业的发展。

(2)大力打造"绿色矿山小镇——得耳布尔":立足铅、锌等有色金属资源的优势,充分发挥山金矿业、森鑫矿业、比利亚谷矿业等龙头矿山企业的示范带动作用,全力推进绿色矿业的发展,依托卡鲁奔山、滑翔伞训练基地等旅游资源,大力扶持矿山产业的接续替代产业即矿山旅游业,同时注重发展体育休闲旅游业,实现休闲旅游与体育训练、拓展培训的有机结合,形成以绿色矿山为特色,旅游为引领的特色小镇。

（3）着力打造"冷极小镇——金河镇"：充分发挥中国城市居住地区历史最低气温-58℃的极地气候特征，深入挖掘冷极冰雪、民风民俗等资源，带动汽车、飞机测试产业，建设冷存储基地，建设国家级极端气候条件工业品装备性能测试平台，打造以冷极为特色的生态旅游业引导下的各产业综合发展的冷极小镇。

（4）大力打造"松果小镇——阿龙山镇"：逐步扩大西伯利亚红松林面积，建立西伯利亚红松林基地，大力发展松果产业，依托大兴安岭北部最高雪山——大鲜卑山（奥克里堆山）、鹿鸣山、蛙鸣山等资源，通过旅游业提高松果产品附加值，延伸产业链，促进山地休闲、山地探险、松果采摘、观赏、体验等产业的发展，做大以松果为特色的产业小镇。

（5）着力打造"红豆小镇——满归镇"：依托伊克萨满国家森林公园，漫山遍野的红豆蓝莓等野生资源，加大对红豆、蓝莓等林下产品开发，加快林产品加工基地的建设，通过森林旅游业带动林下经济产业的发展，提高产品附加值，形成红豆品牌，充分发挥旅游的带动作用，开发红豆观光体验、森林养生、文化创意等旅游产品，围绕"红豆"特色提升完善城市形象塑造、城市建设。

4. 五区

以根河城区及五大特色小镇为依托，结合生态旅游资源特色，建设五大生态旅游区。

（1）人文风情休闲生态旅游区：充分利用紧邻根河市的区位优势和交通优势，依托敖鲁古雅民族乡文化资源、根河源国家湿地公园、大兴安岭房车露营基地、森林文化，联动"非遗小镇"的建设，打造非遗文化体验、生态休闲度假、非遗文化体验等多功能为一体的人文风情休闲区。

（2）地貌奇观生态旅游区：充分利用紧邻额尔古纳市的区位优势和交通优势，依托卡鲁奔山、神鹿园、古灶台遗址、滑翔伞训练基地等资源，结合森林草原过渡带的地貌特征，联动"绿色矿山小镇"的建设，打造集矿山旅游、山地运动、文化休闲、基地训练为特色的地貌奇观生态旅游区。

（3）冷极深度体验生态旅游区：依托汗马国家级自然保护区、牛耳河国家湿地公园、中国城市居住地区历史最低气温-58℃的极地气候等资源，联动"冷极小镇"建设，充分挖掘冷极冰雪、民风民俗等特色，打造集生态探险、科研科考、民俗体验、研学旅行等多功能于一体的冷极深度体验生态旅游区。

（4）山岳探秘朝圣生态旅游区：发挥根满公路重要节点的地理位置优势，依托阿龙山镇大兴安岭森林北部最高雪山——大鲜卑山（奥克里堆山）、蛙鸣山、鹿鸣山、鄂温克岩画玛利亚索部落等自然人文资源，联动"松果小镇"建设，打造集山岳探秘、朝圣、科普、探索为一体的山岳探秘朝圣生态旅游区。

（5）森林度假养生生态旅游区：充分发挥满归镇作为根河市副中心的交通区位优势，以及其完善的接待配套服务能力，依托伊克萨玛森林公园、森林人家、1409摄影观光基地等资源，联动"红豆小镇"建设，加快敖鲁古雅国际狩猎场的建设运营，通过森林旅游与交通自驾、森林康养、运动休闲等结合，突破森林产业单一产业链，打造生态观光、森林避暑、深度摄影、科普教育等业态为一体的森林度假养生生态旅游区。

（三）主要任务

1. 打造生态旅游精品

（1）加快推进中国泛北极风情小城建设。加快推动泛北极风情小城建设的相关工作，抓紧完善配套基础设施和服务，依托敖鲁古雅、中国冷极等品牌，以北欧风情建筑为载体，推进中心城区旅游与生态、休闲、城建、文化、交通、特色潜力行业等融合发展，建设北欧风情一条街，打造集文化娱乐、餐饮购物、泛北极风情度假体验、综合服务、旅游集散等新业态于一体的特色风情小城。

（2）推进景区的开发和提升。深度开发敖鲁古雅使鹿部落景区，推进创建4A、5A级景区，打造集世界驯鹿文化交流、原始部落体验、温泉冰雪度假、森林养生等多功能于一体的旅游目的地。加快推进根河源国家湿地公园、敖鲁古雅使鹿部落力创国家5A级景区，加快推进伊克萨玛国家森林公园和卡鲁奔湿地公园创4A级景区。

（3）推动特色小镇建设进程。综合各镇的地域特色、生态特色、文化特色和旅游资源特色，加快推进各特色小镇建设，实现一镇一品，打造敖鲁古雅鄂温克族非遗小镇、满归红豆小镇、金河冷极小镇、阿龙山松果小镇、得耳布尔绿色矿山小镇。

（4）优化提升冷极旅游品牌——中国冷极村建设。以现有的冷极村、冷极点为依托，以冷极文化、北方民俗文化为核心，以冷极气候和冰雪环境为支撑，开发集民俗文化体验、主题度假、亲子娱乐、极寒体验等功能为一体的特色度假村落。

2. 促进生态旅游业和相关产业的融合

（1）"旅游+农林牧业"。以根河市林下种养特色资源为依托，以特色生态旅游产品开发、特色种养园旅游化以及特色林俗旅游接待为方向，开发基地观光游、林下采摘游、农场体验游、庄园休闲游等不同特色的主题休闲活动，大力发展产业示范基地、森林康养基地、林中乐园、亲子乐园、有机生态园、体验农庄、牧庄等为代表的多元化休闲农林牧产业以及开发多种农林牧加工产品，利用农林牧业为旅游业提供旅游产品和服务设施，实现农林牧旅互动发展格局。

（2）"旅游+文化"。充分挖掘以敖鲁古雅使鹿文化、游猎民族文化、森工历史文化、非遗文化的文化内涵，注重增加具有根河市特色的各类博物馆等文化载体元素，培育一批具有市场吸引力的节庆活动，培育有地方特色的文化创意旅游企业，形成以手工艺制作、民俗文化演艺、文化研学教育、文化创意产业、广播影视业、节庆活动展演、祈福康养产业等多元文化产业，打造文旅商结合的产业链条。

（3）"旅游+康养"，发展康养旅游。充分利用森林高负氧离子生态环境，以科学的健康知识为支撑，融合蒙药特色、健康美食、休闲养生等服务，完善森林康养旅游产品，并以课程的模式开展森林康养活动，完善相关配套设施，延长康养旅游产业链。

（4）"旅游+工业"，推动旅游与工业融合发展。依托根河市工业园区作为旅游与工业融合发展的空间载体，依托特色美食、丰富物产、传统特色制作工艺等资源，以山野产品、民族工艺产品、木屋制造产品为支撑，积极推进建设特色工业旅游示范区、特色文化商品生产基地。加快推进特色商品生产、特色商品展销、商贸会展交流的发展。通过从产品研发、产品生产、展销体验三个环节出发，延伸产业链，促进根河市"旅游+工业"的协同发展。

（5）"旅游+体育"，培育体育旅游品牌。将体育与旅游业融合发展。依托根河市山地、森林、草地等适合开展体育项目的空间与资源，满足现代旅游市场需求，通过体育旅游项目和体育赛事活动带动商贸、体育表演培训等，延伸体育旅游产业链，通过建设一批具有影响力的体育旅游项目，建设一批体育旅游示范基地，推出一批体育旅游精品赛事和精品路线，助推根河市体育旅游产业发展。

3. 完善基础设施和服务配套设施

（1）完善航空、铁路和公路的立体交通体系。加快旅游航空运输发展。推进根河市机场扩建，推进国际直航包机和国际航线航班，大力拓展国内航空运输市场和航线，打造精品旅游支线机场。推动满归通用机场建设营运，通过推进与周边机场枢纽战略合作，能够打通"空中走廊"。推动构筑旅游铁路交通网络建设。尽快推动建设满归—漠河—洛古河铁路建设项目。加快线路，拓展与区内海拉尔、区外哈尔滨等城市的线路连接。加快推进旅游公路网络建设。加快构建"四横二纵十出口"公路网，推进干线公路路网升级工程、路网改造工程、路网延伸工程，确保国省干线对重要城镇、旅游景区、交通枢纽连接覆盖，外部交通便捷、内部环线通畅。加强国道、省道与主要旅游景区、重点旅游小镇、旅游特色村道路对接建设，设计一批旅游专线、旅游绿道、自行车慢道、健身步道，完善"快进漫游"路网体系。

（2）加快发展特色住宿接待体系。引导发展星级酒店，提升星级酒店服务品质，鼓励经济型酒店发展。鼓励发展度假酒店和特色文化主题酒店，培育基于本土特色文化主题度假酒店、精品民宿及连锁酒店品牌。引导发展国际青年旅社、汽车营地、露营地、帐篷宾馆、房车等新业态。

（3）加快发展特色餐饮体系。挖掘根河市餐饮特色，重点发展地方特色菜系，以内蒙菜系、东北菜系、鄂温克特色饮食等特点鲜明的美食；打造根河市旅游餐饮品牌，培育一批本地特色餐饮，形成由"美食街区、餐饮店、餐饮点"相互构成的点线面层次鲜明的餐饮布局空间体系，以主题环境餐饮+主题宴席打造根河味道。积极引进外来菜系和品牌丰富根河市餐饮类型，适合多样化需求。

（4）加快建设旅游集散咨询服务体系。加快建设构建"一主一副四地多点开花"的旅游集散服务体系：即建设2个集散中心（根河市冷极旅游集散中心、满归旅游集散中心），4个旅游集散地（金河、阿龙山、得耳布尔、敖鲁古雅），多个集散点，构建完整的旅游集散服务体系，为游客提供全方位便捷的旅游接待服务。在机场、火车站、汽车站、一级路服务区、重要交通节点等区域完善旅游服务功能，主要景区、商业集中区设立游客咨询服务中心，通过无线网络覆盖、停车场建设、旅游标识引导系统建设等综合手段，推行旅游咨询、餐饮及住宿标准化服务，为游客提供优质便捷环境，构建起完善的旅游集散和咨询服务体系。

（5）加快构建主要景区点、重点旅游城镇和森林防火公路交通服务，完善交通标识。推动城市公交网络向周边主要景区和林俗接待旅游点延伸辐射，完善重点景区专线车线路，鼓励发展旅游观光巴士，鼓励成立汽车租赁公司，以适应散客自助驾车自助游的旅游交通服务需要。规划建设旅游绿道体系，鼓励发展自行车等新兴交通服务体系。推进通往国家3A级以上景区、重点旅游城镇及旅游服务设施的旅游交通引导标识建设，完善重要交通节点、换乘点等的旅游交通地图、旅游交通指示牌、导览牌等，形成布局合理、体系健全、标识规范、实用清晰的旅游交通引导标识体系。

4. 积极发展智慧旅游

（1）完善旅游信息服务体系。在城区主要街道以及主要旅游乡镇设立旅游咨询服务点，积极推进12301旅游热线建设，加强市旅游局网站、旅游企业网站之间的高效链接，做好旅游信息的服务与管理工作。

（2）构建根河市旅游数字系统。构建包括数字景区、电子商务、数字化营销等在内的旅游数字系统。提升旅游信息服务水平。建立健全旅游信息化标准体系，建立覆盖各类旅游企业的核心数据库，提高旅游统计的质量与效率，建立一套完善的旅游预警机制，提升旅游管理科学化水平。

（3）建立游客新型体验终端。依托旅游网建设手机WAP（无线应用协议）网站平台、导航平台和实时信息发布平台，为游客提供手机导游、导览等即时信息服务。依托根河市旅游网建设根河市旅游咨询中心、呼叫中心平台，实现"一部手机畅游根河""一张网络服务游客"的目标。

（4）构建旅游虚拟体验系统，将其与生态科普教育相结合，使游客通过虚拟体验系统，快速了解根河市自然生态及历史人文的总体状况，使其成为新的旅游吸引物。

5. 加快旅游品牌推广力度

（1）打响根河市旅游品牌形象。打响"驯鹿之乡，中国冷极"品牌形象。培育丰富多彩的复合型旅游形象品牌。遴选和推出根河市泛北极风情小城、中国冷极村、鄂温克族非遗小镇、根河源国家湿地公园等十大旅游名片。打响全国驯鹿文化旅游目的地、全国森林康养旅游目的地、全国最佳避暑旅游目的地、最佳四季旅游目的地等品牌形象。

（2）构建整合营销的机制。各景区景点共同开展整体宣传推广和营销。重点景区确立与主题形象相协调的宣传口号、形象，精心培育以此为支撑的品牌形象标示，服务于整体形象的推广。引导旅游企业共同组建根河市旅游营销平台，统筹开展营销活动。

（3）全力塑造根河市四季旅游目的地形象。塑造根河市最美春季、清凉夏季、诗意秋季、民俗冬季的四季旅游形象，培育全年候、全天候旅游目的地形象。对每个季节旅游进行专题策划，将形象宣传、旅游产品整合和服务为一体，采取专项推广宣传行动。加大差异化营销力度，扩大重点客源市场。积极开展冬季景区驯鹿文化、民俗文化旅游优惠季，举办冬季旅游节会，打造冬季旅游品牌。

6. 培养市场主体

（1）引进和培育一批具有国际竞争力的旅游企业。鼓励跨行业跨地区跨所有制兼并重组、投资参股，引进国内知名的旅游投资运营企业，促进系列化、规模化、品牌化、网络化经营，逐步与国际接轨。

（2）开发壮大一批旅游景区企业。优化品牌景区、提升精品景区、打造特色景区，推进中国泛北极风情小城、敖鲁古雅使鹿部落景区、敖鲁古雅非遗小镇、中国冷极村、北国红豆小镇等品牌旅游目的地建设，推进河源国家湿地公园、大兴安岭汗马生态旅游区、伊克萨玛国家森林公园、卡鲁奔湿地公园等精品景区建设。

（3）培育旅游酒店企业集团品牌、支持大旅行社做大做强。积极引导酒店、旅行社等传统的旅游企业向现代化、市场化转型，创新商业发展模式。引进一批具有国际影响力的品牌酒店，发展一批具有国际经营力的旅行社集团，重点扶持若干实力雄厚、竞争力强、品牌优势突出的旅行社，推进旅行服务集团化、网络化、国际化发展。

（4）围绕旅游要素和新业态发展一批旅游企业。支持发展旅游演艺企业，扶持发展旅游商品研发生产企业，支持发展旅游餐饮企业，支持旅游合作社、俱乐部等旅游新组织发展。

（5）加大对旅游中小企业的政策、资金扶持力度。推动中小旅游企业向经营专业化、市场专门化、服务细微化方向发展，在培育期给予财政、税收、金融、土地等优惠政策支持鼓励中小旅游企业之间加强合作，构建旅游企业战略联盟。引导扶持中小旅游企业建立与大型旅游集团的网络服务协作。支持中小型旅行社市场细分定位和差异化竞争，走特色化、专业化发展之路。

7. 注重生态旅游的可持续发展

（1）调整好生态旅游和生态保护的关系

在制定和执行全域旅游等旅游相关规划时，要考虑好当地自然环境、基础设施、服务设施等对于旅游活动的容纳能力，并尽量采取措施减少污染物的排放，控制好基础设施的数量，避免因为人数过多或盲目建设大规模基础设施而对当地环境造成破坏（钟林生等，2003）。

为了更好地把握好生态旅游发展和生态环境保护之间的关系，根河市政府还必须从规章制度方面入手，制定并完善一整套能够体现可持续发展原则的规章制度（钟林生等，2019）。既要鼓励发展生态旅游，又要监督好环境保护问题，并对出现违法违规现象的人员进行严肃处理。要梳理清楚各项规章制度之间的关系，健全相关的配套法规制度，对于自然资源和旅游资源可以建立有偿使用制度等。

根河市有关部门要加强对每一个游客、旅游从业人员进行生态环境方面的科普教育，要让每一个人明白环境保护要靠大家一起努力才能够收到更好的效果，加强全体公民的生态道德，促进每一个人自觉自愿地保护野生动物，保护自然环境，主动承担起环境保护的责任。可以实施一些与科普或环保有关的项目，例如，在植树节的活动中展开义务植树活动，组织环保小队去自然保护区捡垃圾等，只有让生态环境方面的道德深入人心，才能够更好地协调好生态旅游和保护生态环境之间的关系。

（2）调整好科技发展和生态旅游的关系

从整体上来说，根河市旅游业发展如火如荼，但是还是以粗放型为主，质量比较低，科技含量并不是很高，要提高根河市旅游业的竞争力，就必须在生态旅游中投入大量的高新技术，以促进生态旅游更好地发展。在开发生态旅游项目之前要依托科学技术做好环境容量的检测和调控，在设计旅游产品的时候要将环保考虑进去，在进行旅游管理的时候要做好监控，建筑基础设施时不能破坏当地的植被和地质，在开发的同时要考虑到环境治理的问题，采取一定措施对当地废水、废气等的排放进行专项治理（钟林生等，2005）。

（3）引导生态旅游可持续发展的技术型、制度型创新

加强科技在旅游业中的重要性，提出并实施"科技兴旅"的战略任务，让生态旅游真正成为一种融入了科学技术的旅游产品和旅游方式。为了更好地实施"科技兴旅"的战略任务，不能够只想到发展旅游业来增加经济收入，而应该投入大量的资金，加强在旅游业

中的科技投入，并切实地研究各种环保项目和环保技术。对于生态旅游方面的科技形式可以是多种多样的，有的可以直接用于环境污染的专项治理，如用高科技的手段来检测生态旅游区的环境污染情况，通过遥感技术检测并收集相关数据，在发现污染的时候及时采取一定的措施加以治理等。也有些科学技术的研究是通过侧面来对生态旅游提供帮助的，例如可以加强互联网方面的建设，建立相关网站，发布旅游信息，进行生态旅游知识方面的普及，接受游客包括环保问题在内的各种网上投诉等，这些也都能够从侧面让生态旅游得到更好的发展。

六、现代服务业

（一）发展思路

抓住国家大力发展现代服务业的黄金时机，围绕绿色食品加工、特色种养、木材精深加工、绿色矿山等接续产业，以现代物流、信息服务、商贸服务等行业为重点，促进生产性服务业集聚发展，推动生产性服务业向专业化和价值链高端延伸、生活性服务业向精细和高品质转变，积极推动金融、保险、电商、快递配送、家政服务和环保产业等新型业态发展。坚持生产性服务业和生活性服务业并重，大力提高服务业在GDP中的比重。

（二）重点任务

1. 做强做大现代物流业

坚持以市场为导向，以企业为主体，以现代信息技术为支撑，发展特色产品物流、商贸物流，积极发展应急物流、快递物流、绿色物流和其他新兴物流业态。加快物流园区建设，积极发展电子商务，引进培育一批电子商务服务企业，推进"京东物流根河站""京东便利店"等电子商务进乡镇、社区，打通乡镇电商最后一公里。完善市区农副产品批发市场、金谷物流中心基础设施，扩大仓储能力，打造呼伦贝尔北部林区综合型物流中心。

2. 引导发展信息服务业

拓展信息服务领域，运用信息技术改造提升传统产业，增强信息技术咨询和信息安全能力。一是依托移动、联通、电信等营运商的实力和技术，加快实施电信宽带、光纤接入、数字电视网等信息基础设施建设和基础数据库建设网等工程，拓展网络经济空间，实施"互联网+"行动计划，促进互联网和经济社会融合发展。二是实施政府专网工程，有效整合政务服务网络信息资源，完善政府公共信息网络，建设电子政务网络平台，健全涵盖市、乡镇、社区多层次政务网络，推动城市交通治安、科技教育、社会保障和企业信息化服务系统建设，拓展电子政务应用领域，提高社会服务和管理水平。三是提升企业电子商务水平，建设电子商务门户网站，实施中小企业信息化扶持工程，加速产业信息化，打造"数字城市"。四是加强安全防御体系建设，保证电子信息网络的安全、畅通、高效运转。

3. 规范发展中介服务业

发挥中介服务的媒介和引导作用，扩大服务范围，提高服务质量。一是整合发展中介服务体系。积极培育企业化经营、规范化管理、社会化服务的中介服务机构，健全中介制度，规范经营行为，完善服务体系。大力发展咨询租赁、评估拍卖、法律服务、研究开发、检测认证、招投标、职业介绍、财务顾问、会计审计、房地产中介等各类商务中介服务组织，形成种类齐全、分布合理、运作规范、功能日益完备的现代中介服务业体系。二是培育和发展优秀中介服务组织。适应政府职能转变和市场发展的需求，拓展和规范律师、公证、法律援助、司法鉴定、经济仲裁等法律服务。鼓励中介服务组织充分利用现有的资金、人才、信息等资源，根据自身优势和市场需要，整合各种资源，扩大规模，壮大实力，形成具有一定规模和咨询力量的顾问队伍及智力服务网络，满足企业和社会多样化的中介和专业等服务需求。三是加快发展会展业。通过举办冷极文化节、产品展销会、各种专业论坛等，提高节会的规模和档次，进一步提高商务、旅游、节会等方面的综合接待能力。

4. 培育壮大金融保险业

建立健全金融市场体系，拓展金融业态种类，稳步发展信贷市场、融资市场、保险市场，提高金融业对经济社会发展的支撑能力。一是完善金融体制，引进区域性股份制商业银行，鼓励商业银行和农村信用社在根河市开设营业网点，建立快审快批的绿色通道，加大对商贸、物流、旅游等服务业领域的信贷支持，开展金融业务，完善中小企业信贷服务体系。二是加强社会信用环境建设。大力推进企业、个人信用信息基础数据库建设，全面推行企业信用等级评审，支持金融机构依法维护金融债权。三是挖掘保险市场潜力。加大宣传力度，提高市民保险意识，发展保险市场；结合根河市特点和居民实际需求，积极开拓新型险种，扩大保险业务。

5. 优化提升商贸服务业

通过政府引导、政策扶持，鼓励民间资本加大对商贸设施和服务系统的投入，加快商务服务体系建设，促进商贸服务业转型升级。一是提升传统商贸服务业水平。引导龙凤商厦、爱民市场、老邻居和佳又多超市等龙头商贸企业走连锁发展、集中配送的营销方式，形成多元化、多层次的销售网络，构建布局合理、管理规范、服务优质的城镇商业服务体系。围绕旅游业发展，合理布局住宿、餐饮业，适度扩大规模，提升服务等级，形成高、中、低档，各具特色的民俗及绿色餐饮品牌。二是积极培育新型商务服务业态。鼓励发展租赁业，培育发展咨询论证、资产评估、投资顾问等新型业态。加大各类新型商贸企业引进力度，鼓励国内知名商场、超市等连锁企业在根河市设立营业网点，开设电子商务、专卖店、专业店等新型商贸业态，以先进经营理念与模式，提高商贸业的整体水平。积极培育专业特色市场。以产业为依托，加快绿色食品、木材精加工产品等具有一定辐射能力的专业特色市场建设。三是大力推广信息化和电子结算技术。配合国家银行卡工程建设，提高银行卡结算的普及率，实现购物、餐饮及生活服务持卡消费无障碍；加强商贸与物流企业信息共享平台建设，形成市场快速响应机制。四是改善商贸服务消费环境。不断增强居民的消费意识，扩大消费总量。金融部门要积极扩大消费贷款范围，增加贷款额度，引导和鼓励居民消费贷款。整顿和规范市场经济秩序，严肃查处不正当竞争行为和消费环节上的不合理收费，维护消费者合法权益。

第十章
积极弘扬生态文化

生态文化是人与自然和谐共存、协同发展的文化，是21世纪人类面对诸多危机所做出的新的生存方式和价值取向（林坚，2019）。生态文化是人类在与自然交往过程中，为适应自然环境、维护生态平衡、改善生态环境、实现自然生态文化价值、满足人类物质文化与精神文化需求的一切活动与成果。研究和弘扬生态文化，宣传生态文明理念，普及生态文化知识，传播绿色生产、低碳生活方式，引导绿色消费，有助于促进公众牢固树立生态文明意识，为生态文明建设提供强大精神动力。

一、生态文化传承弘扬

"万物并育而不相害，道并行而不相悖"是根河人民世代共守的结果，这片土地孕育的驯鹿文化、萨满文化、森工文化、蒙元文化无不彰显根河人敬畏自然、尊重自然的生态伦理观念。习近平总书记曾指出"山水林田湖是一个生命共同体，人的命脉在田，田的命脉在水，水的命脉在山，山的命脉在土，土的命脉在树"，道出了生态文化关于人与自然生态生命生存关系的思想精髓。文化是民族的血脉与灵魂，是国家发展、民族振兴、文明进步的重要支撑。生态文明时代的开启，生态文化的崛起，象征着人类生态文明意识的觉醒和经济发展方式的历史性转型，是中国国情之必然，更是人类可持续发展的必由之路。弘扬生态文化，大力推进生态文明建设，既是和谐人与自然关系的历史过程，也是实现人的全面发展和中华民族永续发展的重大使命。

（一）根河市生态文化类型与特点

根河市代表性的生态文化主要是萨满文化、驯鹿文化、森工文化和蒙元文化，崇尚敬畏自然、尊重自然的生态伦理观念。

萨满文化是敖鲁古雅先民敬畏自然的表征，包含自然崇拜、祖先崇拜等内容。自然崇拜方面，萨满教以"万物有灵"的宗教信仰核心使鄂温克人形成了遵从自然规律的理念，他们认为宇宙是由"天神"主宰的，山有"山神"，火有"火神"，风有"风神"，雨有"雨神"，地上又有各种动物神、植物神和祖先神。祖先崇拜方面，鄂温克族猎民将自己的祖先称为"舍卧刻"，与"舍利神"（蛇神）、"阿隆神"（树神）、"熊神""乌麦神"（鸟神）这4种神灵合称为"玛鲁"神，每个氏族的"乌力楞"中都要供奉"玛鲁"神像，狩猎的鄂温克人必须严格遵守祖先传下来的狩猎规矩，否则将受到逐出"乌力楞"的惩罚。

驯鹿文化是敖鲁古雅先民尊重自然的载体。驯鹿文化是指体现敖鲁古雅鄂温克人日常生产、服饰、饮食、居住等物质生活以及语言文学、艺术审美等精神生活领域的个性文化，其对现今敖鲁古雅鄂温克人的生产和生活仍然有很大的影响。驯鹿性情驯服，体能适宜于寒冷地带，善于在沼泽、森林、深雪中行走，是鄂温克人行走于大兴安岭的伙伴，有着"林海之舟"之称。但驯鹿只能在没有污染且苔藓、石蕊丰富的原始森林中生活，因此，鄂温克族先民必须经常搬迁以寻找驯鹿的食物，还不能污染环境。千百年来，敖鲁古雅鄂温克人作为义务守林人守护着大兴安岭的一方安宁，为不产生火灾而吸食不用明火的口烟；熟悉大兴安岭深处的环境，当发现森林火灾时及时上报林业局；采集苔藓只采苔尖，取之有度。

森工文化是根河市人民征服自然向尊重自然过渡的象征。根河市森工文化兴起于20世纪50年代，50年代初期及以前，一直依靠人工伐木，伐木技术的缺乏曾造成较大的木材浪费。1954年冬，根河市采用100米和150米不同宽度的等间隔皆伐，提升了森林的天然更新能力；1956年，林业部颁布《国有林采伐试行规程（草案）》，根河市政府及内蒙古森林工业管理局积极响应，在根河市推行了间隔皆伐、窄带皆伐和择伐，秉承"采伐与更新并举，保护伐前幼树、保留母树，合理采伐、合理利用"的采伐理念，为大兴安岭林木恢复、生长留足了时间和空间；21世纪国家施行全面禁伐以来，根河市林业人员爱林兴林，终生坚守，艰苦奋斗，无私奉献，吃山野之苦，植绿色之树，解生态之危，造万民之福，树人、树木、树林，创造绿色，传承文明，展示了林业人高尚的生态道德风范。

蒙元文化是一种独特的区域生态文化积淀。蒙元文化是草原文化与中原文化交融的产物，是农耕文化、游牧文化与边塞文化的聚集、融合、传承和积淀，具有鲜明的地域特色、民族特色。2012和2013年，根河境内相继发现了"上央格气古人类遗址"和"吉尔布干河'古灶台'遗址"，证实了根河市是早期蒙古部落西迁的栖息地之一，是蒙古民族从孱弱走向强大的肇兴之区。千百年来，北方游牧民族的英雄精神、开拓精神和蒙古族的自由精神、务实精神一直影响着万千根河民众，在极端气温与恶劣生存环境的双重作用下，历代根河人毅然选择坚守根河生态、建设文明根河。

（二）根河生态文化传承与保护

1. 依法依规进行保护

坚持以保护为主、抢救第一、合理利用、传承发展为方针，贯彻落实《中华人民共和国文物保护法》（2017年修订）、《国家级非物质文化遗产保护与管理暂行办法》《博物馆条例》，以《关于实施中华优秀传统文化传承发展工程的意见》为依据，加强根河市优秀生态文化的传承与发展。生态文化建设工程符合宪法所确定的基本原则和维护国家安全与民族团结、弘扬爱国主义、倡导科学精神、普及科学知识、传播优秀文化、培养良好风尚、促进社会和谐、推动社会文明进步的要求；地方人民政府负责组织、监督行政区域内国家级非物质文化遗产的保护工作，利用国家级非物质文化遗产项目进行艺术创作、产品开发、旅游活动时，尊重其原真形式和文化内涵，防止歪曲与滥用；基本建设、旅游发展必须遵守文物保护工作的方针，旅游与保护发生冲突时，保护优先，不出售文物但鼓励以传统工艺制造纪念品出售；有条件的地方，应建立国家级非物质文化遗产博物馆或者展示场所；文化保护主管单位要对博物馆展示的文物进行定期检查和维护。

2. 大力倡导生态伦理和生态道德

宣扬热爱自然环境、尊重自然规律的生态伦理观，强化人们的生态良知、生态道德自觉，增强人们的生态正义感和生态伦理责任感。政府和企业着眼未来，切实担负起保护环境、治理污染的责任，不因片面的经济利益污染环境，不以牺牲环境为代价获取经济发展或经济利益，杜绝破坏性开发资源的极端利己主义；地方政府自觉响应国家绿色经济发展号召，自觉承担生态环境保护监督职责；社会企业自觉履行生态补偿义务，主动承担社会公益责任；地方百姓珍爱、尊重、顺应、呵护自然，养成勤俭节约、生态环保的生活方式和生活习惯，形成自觉爱护环境的道德风尚。

3. 增强当地文化保护意识

建设市级敖鲁古雅生态文化保护实验区，通过一系列的公众宣传计划，利用多种方式、多种语言，强化当地民族对生态文化的认知和自豪感。夯实生态文化宣传阵地，充分利用现代信息载体高效传播生态文化，让生态文化成为群众的主流文化；文化收藏单位充分发挥馆藏文物的作用，通过举办展览、科学研究等活动，加强对根河市蒙元文化、驯鹿文化、萨满文化、森工文化、蒙元文化宣传教育；利用其他文化景点，采用第二课堂等灵活的教育形式，让学生们讲述、描绘或拍摄他们自己发现的民族文化的动人之处。

4. 培养生态文化研究和传承专业人员

引进一些熟悉文化产业策划、设计、销售，具有创新思维和现代科技素质的文化经营人才，把强劲的外力与本地的传统文化资源优势结合起来，以满足传统文化产业发展对人才的多种要求，为合理开发利用传统文化资源，发展文化产业提供智力保证。在政府支持下恢复、发展根河市各少数民族（主要是敖鲁古雅鄂温克族，还有彝族、蒙古族等）的礼仪活动、祭祀活动；重视年轻一代传统文化保护传承意识的培育，组织好根河市传统文化读本的编写工作；采用民间艺人和专业文化团体相结合的方式，进行当地文化的研究与传承。

5. 结合文学及影视、网络等现代传媒形式

发掘更多的民俗、生活方式、原生态音乐、舞蹈等，制成微电影、电视等产品，出版更多有关传统文化题材的书籍、刊物、杂志。利用文学艺术的吸引力、歌舞的流行性、音像制品的生动性，让更多的人了解根河市生态文化。例如，编辑出版《根河市志》《根河民族志》《根河敖鲁古雅文化》《根河森工文化》等系列丛书，将根河的发展历史记录下来。在已有的《敖鲁古雅风情》《敖鲁古雅寒冬》舞台剧基础上，加编《根河森林变迁》《激流河畔》《根河人与自然》等展现根河历史传承的舞台剧，让外界了解根河市的自然环

境和环境变迁。

6. 组织实施根河市传统工艺振兴工程

依托相关高校、企业、机构，组织传统工艺持有者、从业者等传承人群参加研修、研习和培训，学习根河市兽皮画、桦皮船、兽皮缝制等传统工艺中蕴含的文化价值观念、思想智慧和实践经验，提高传承能力，增强传承后劲。组织优秀传承人、工艺师及设计、管理人员，到传统工艺项目所在地开展巡回讲习，扩大传承人群培训面。倡导传承人群主动学习，鼓励同行之间或跨行业切磋互鉴，提高技艺水平，提升再创造能力。

（三）根河市生态文化弘扬

目前，根河市委、市政府已经开展了一系列生态文化宣扬活动，但活动主题主要局限于森林防火，宣传内容的深度和广度与根河市生态文明建设要求还存在一定差距。因此，根河市应以《全国环境宣传教育行动纲要（2016—2020）》《中华人民国和国环境保护法》及中共中央、国务院出台的《中共中央关于制定国民经济和社会发展第十三个五年规划的建议》《关于加快推进生态文明建设的意见》为依据，采取以下措施弘扬生态文化。

1. 提倡先进的生态价值观和生态审美观

注重对广大人民群众的舆论引导，在全社会大力倡导绿色消费模式，引导人们树立绿色、环保、节约的文明消费模式和生活方式，使低碳环保的理念深入人心，绿色生活方式成为习惯。坚持"以人为本"的原则，并把这一原则贯穿到生态文化体系建设的全过程。强化人对自然的直接感受能力，主张走出房间，回归自然，与自然、社会共享生命的欢乐感受；主张积极参与社区建设、和睦友邻，创造友爱相处氛围，增强人居幸福感；不仅尊重自然、尊重社会，而且尊重人自己的存在；不仅尊重人的利益，而且尊重人与世界关系的整体性利益。

2. 宣传根河市生态文化

充分发挥新闻媒体的作用，树立理性、积极的舆论引导，夯实根河市生态文化宣传。致力于用老百姓听得懂的语言宣传普及非物质文化遗产开发的法律法规；广泛推进生态文明进企业、进机关、进学校、进社区、进乡村活动和绿色企业、机关、学校、社区和乡村创建活动，在广大人民群众中培育生态文化、生态道德和生态行为。以"国际驯鹿养殖者协会"为突破口加强与挪威、瑞典、芬兰、英国、蒙古国等国的国际交流合作，并进一步向其展示根河市其他传统文化；以《敖鲁古雅风情》《敖鲁古雅寒冬》舞台剧为敲门砖，积极开展文化展演和文化贸易活动，争取2025年前能在1~2个国家建设具有一定规模和辐射力的根河市文化海外驿站。

3. 展示根河市生态文化

结合新兴技术进行生态文化展示。在根河市现有的（如敖鲁古雅文化博物馆、满归自然展馆）或将要建设的博物馆中引进AR（增强现实）、VR（虚拟现实）技术，让市民和游客通过佩戴AR和VR眼镜游览博物馆，增强市民、游客的沉浸式体验；委托专业的广告制作公司拍摄VR旅游宣传片，让游客能够更立体地了解真实、完整的根河世界、根河风光；通过事件记录、人物塑造、成就展示，以专题形式呈现一个建设中的鲜活的、生动的根河；筹划电视栏目，通过主持人实景走访、体验，探寻故事的发生、发展，用镜头记录根河的森林、山川与河流，揭示生态文明建设与个体、家庭、社会之间的深刻关系。

4. 创意根河市生态文化

大力发展传统生态文化创意产品。鼓励社会资本投入文创产品开发，鼓励创意设计企业参与传统文化创意开发，扶持文化文物单位形成产业技术联盟和文化创客中心，物化根河市驯鹿文化、桦树皮文化、萨满文化，例如，设计开发服饰、文化衫、伴手礼等。建设根河市生态文化创意产业园，推进根河市文化产业向规模化、集约化、专业化方向发展；动员海内外具有驯鹿养殖专业认知及技能的公司参与驯鹿创意产业园搭建，并结合人工智能（AI）、大数据（BD）等前沿科技优势项目进行驯鹿产业链延伸。

5. 倡导绿色生态消费

树立适度消费、节制消费、健康消费、公平消费、精神消费等生态消费理念。倡导绿色环保的服饰消费。

衣物选择贴近自然，生态着装，色彩和样式讲究舒适、方便，质地材料朴素、大众化，冬天适度宣传推广GORE-TEX面料衣物。GORE-TEX面料是世界上首创，也是迄今为止品质最高的防水、防风、透气面料，可以阻挡外部的风雪及寒风侵入人体，并使人体自然排出汗气，被誉为"人体的第二层皮肤"，常被添加至户外运动装备中，已有游客于根河"冷极之旅"尝试穿戴，防寒效果不错。

倡导生态饮食。尽量减少食物烹饪环节，保存食物能量；倡导粗粮食用，大力发展林下绿色经济产业，使食材融汇天地灵气，食材源自自然。倡导绿色居住。积极引导城乡居民广泛使用节能型电器、节水型设备，鼓励多用节能环保建材，多用可再生能源，少用水、少用电，少用或不用含挥发性有机物的装饰材料。

倡导共享型交通消费。与共享单车、共享电车企业合作，将共享单车、共享电车引入根河，进一步减少家庭能源汽车的购买需求；以"生态出行"为纲领，在未来的景区建设中修建绿色电车充电站（类似现在的加油站），并引进"纯充电公交车"，解决未来游客的景区游览问题。

倡导合理的礼仪消费。在婚嫁仪式中，政府举办地区性盛大庆典活动时，不再以大量的鲜花装饰舞台，而是通过引进高科技的灯光秀替代烟花燃放仪式，以丰富多彩的歌舞表演增添活动典礼的热烈氛围。

6. 引导公众参与弘扬

通过生态论坛、社区宣讲、网络媒体和社会媒体的公益广告投放，培养公众的身份认同和环保的价值共识；通过表彰积极参与生态文化弘扬的典型，树立正面形象引导公众的价值意识，让公众切实感受到政府对公众参与社会治理创新的积极态度；发挥精英带动的示范作用，实行专家或公务员指导，使公众知道参与生态文化弘扬该做什么以及怎样做；建立公益岗位或监督岗位，让公众在实际岗位上通过体验和锻炼，获得参与的成就感和自豪感，以此增强公众参与生态文化建设的公共责任意识。通过建立畅通的沟通与诉求通道，激发公众参与根河市生态文化弘扬的积极性；通过制度化建设保障根河市公众的参与权及提高公众参与的实效性。

二、生态文明意识培育

习近平总书记在"十八届中央政治局第四十一次集体学习"中指出，要加强生态文明宣传教育，把珍惜生态、保护资源、爱护环境等内容纳入国民教育和培训体系，纳入群众性精神文明创建活动，在全社会牢固树立生态文明理念，形成全社会共同参与的良好风尚。以我国现有的教育体制为基础，以各年龄段的认知特征为前提，建议根河市生态文明教育意识培育从完善生态文明教育体系和加大生态文明宣传力度两个方面入手。

（一）完善生态文明教育体系

生态文明教育体系旨在以专题培训、课程讲授等手段传播生态文明理念，将生态文明知识根植于各社会主体的思想和行动中。主要包括以下四个层面。

1. 基础教育培养生态文明意识

我国基础教育包括幼儿教育、小学教育和普通中学教育，主要以课本知识的学习为主。目前，根河市已将生态文明教育纳入小学的重点教育内容，主要采取室外游憩湿地公园、森林公园等现场教学，但课堂理论知识讲授不足，也缺乏相应的生态文明教育教材。因此，综合我国基础教育特征和根河市生态文明教育建设现状，建议根河市从以下方面进行改进：首先，生态文明要从娃娃抓起。习总书记在同全国各族少年儿童代表共庆"六一"国际儿童节时说过，大自然充满乐趣、无比美丽，热爱自然是一种好习惯，保护环境是每个人的责任，少年儿童要在这方面发挥小主人作用。依托幼儿园小朋友探索自然的强烈好奇心和求知欲，选取几个代表性的点，组织开展一定的室外游憩活动，让小朋友感受自然、亲近自然，让他们对根河市的乡土风貌、人文风情有一定的了解；设计开发一套"根河风貌"涂鸦画集，让小朋友填涂根河特有的动物、自然风光，如驯鹿、鄂温克族、冰雪、森林等景观。其次，丰富小学阶段的生态文明教育形态。利用多媒体工具放映生态文明宣传视频或动画视频，让小学生对根河市以外的世界有一定的了解。以班级为单位分配一定的环境清扫任务，如捡垃圾、清扫学校公共区域等，在劳动中培养小学生的环境保护意识。最后，初、高中阶段应增加一定的生态警醒内容。开始让中小学生接触一定的反面示例，如观看灾难影片、纪录片等，让其进一步认识到生态破坏带来的恶果。增加一定的生态实践任务，如划定一片主要用于生态体验和生态认知的生态教育林，初、高中学生可在林中栽种一棵以自己名字命名的树，以互动参与形式培育学生的生态文明意识。

2. 高等教育提升生态文明素养

根河市虽无高等教育学府，却是内蒙古农业大学教学科研基地、内蒙古自治区研究生联合培养基地、内蒙古大兴安岭森林生态系统国家野外科学观测研究站、内蒙古大兴安岭森林生态系统国家站冻土工程国家重点实验室、武警警种学院林火防控教学实训基地。扎根于根河市的科学研究机构应以根河市独特的生态环境、丰富的物种资源为依托，积极参与生态文明建设，并以相应的研究成果作为生态补偿，辅助根河市的建设和发展。以此为基础，根河市生态文明素养的提升还可以从以下两个方面进行。一方面，将科研机构开拓为根河市高中的夏令营基地，让在根河市就读的高中学生提前了解科学研究的流程和内容；邀请上述基地中的相关人员对最新的生态文明知识进行专题报告，实时更新生态文明建设的理念和思想，与时俱进，群策群力进行根河市生态文明建设。另一方面，政府与科研机构签订协议，采用定向培养等形式达成一定的人才输送协定，解决根河市的人才引进问题。

3. 社会教育普及生态文明知识

"社会教育"是指学校和家庭以外的社会文化机构以及有关的社会团体或组织对社会成员进行的教育。根河市是一个"因林立市"的城市，林业生产培养了大批优秀的产业工人和专业技术人才，他们普遍受教育程度较高，对新生事物接受能力较强，相较而言，根河原住民——老一辈的敖鲁古雅鄂温克人受教育程度较低，接受能力相对较差。生态文明教育的内容和形式应当根据社会主体的特征各有侧重。根河市生态文明建设归口管理部门可组建一支环保志愿队伍深入敖鲁古雅、金河、阿龙山、满归、得耳布尔等（乡）镇进行生态文明知识宣讲，与社会居民进行深入互动，采用有奖竞猜等形式开展"根河生态文明知识竞赛"活动，调动社区居民的积极性，引导居民形成勤俭节约、绿色低碳、文明健康的生活方式。

4. 企业强化生态文明建设意识

企业的生产活动与社会的整体发展联系密切，不仅涉及经济、就业等社会民生，还涉及生态环保等内容，企业环保意识的培养和提升对根河市的生态文明建设具有重大意义。企业员工是企业文化践行的主体，其行为方式对企业生态文明建设起着决定性作用。因此，企业应当在员工入职培训中强调践行绿色生产的重要性，并在后期适时地安排员工学习新的环保技术和知识。企业还应完善生态文明制度建设，包括企业环境行为监管、企业环境报告和环境审计社会公示与听证、环境治理代理人、环境污染责任保险、污染物排放许可有偿使用和交易、群众监督等内容。

（二）加大生态文明宣传力度

生态文明建设是重大的民生工程，公众是"美丽根河"建设的最终受益者，也是保护根河环境的中坚力量，需要将国家的生态文明制度、根河的生态文明建设方案、生态保护理念传达给公众。政府可从以下几个方面入手。

1. 深入基层，营造生态文明建设的良好氛围

深入基层、深入一线，挖掘、宣扬环保先进人物、先进事迹，形成榜样力量。加大宣传力度，包括根河市生态文明建设和环境保护工作中出台的环保新政策、新举措，开展的环保重大活动、专项行动，生态环保规划及环境保护科技成果和环保产业发展状况等。

2. 利用多种平台，扩大生态文明建设的宣传范围

平台既包括报纸、杂志、刊物等传统的平面媒体，也包括广播、电视、网络等新媒体。根河市在森林防火期间已与电视台合作推出了系列公益广告，印发了一系列防火宣传手册，但宣传内容和宣传形式较为局限，应充分发挥传统媒体与新媒体相结合的宣传辐射作用，丰富宣传形式，宣传生态环保理念、解读环保政策法规、报道生态文明建设工作成效和亮点，增强公众对环保工作的了解认知。可以以根河电视、根河圈、智慧根河、凯风根河、呼伦贝尔根河市发布、呼伦贝尔根河市旅游局等微信公众号、小程序、官方微博账

号为依托,强化网络宣传引导,拉近政府与群众距离的同时积极打造环境宣教品牌。

3. 以人为本,开展生态文明建设的主题活动

为增强生态文明宣传的趣味性和效果,可以以国际湿地日、世界水日、世界气象日、地球日、世界无烟日、世界环境日、世界防治荒漠化和干旱日、世界人口日、国际保护臭氧层日、世界动物日等节日为依托,有计划、有针对性地策划和开展系列主题活动。

按照"加强管理、快速反应、确认事实、妥善处理"的原则,密切关注重要的环保舆情,及时掌握主流媒体和知名网站对根河市的环保工作动态、社情民意和重大环境事件等方面所做的报道及评论,做好研判分析;积极接受媒体和社会各界对生态文明建设和环境保护工作的监督,及时回应群众关切和社会热点问题;把生态文明建设工作重点、热点问题的解决过程作为生态文明宣传的载体,使随时工作、随时宣传、随时解释成为根河市生态文明建设的常态化机制;落实好生态文明进社区、进家庭、进机关、进学校、进企业、进景区、进交通、进酒店等"八进"活动的开展,形成一个全面、立体的生态文明宣传网络,并力争达到以下目标。

第一,社区做到容貌整洁、环境卫生优良,道路、灯饰、垃圾箱等基础设施完好,垃圾袋装,日产日清,垃圾分类收集设施得到有效利用;居民能够积极践行低碳环保的生活理念,节约用电,循环用水,主动选用绿色环保产品。第二,家庭成员每年能积极参加3次以上各类环保公益活动;热心宣传和传授环保知识及技巧,积极主动对身边的环境违法行为进行监督举报。第三,机关节约用电、用水、用纸,全面普及电子办公,带头使用绿色大众交通工具;积极开展环保宣传活动,倡导循环发展、绿色发展、低碳发展的生态文明理念,在固定、醒目的位置设置形式多样、便捷实用的宣传标识牌,持续营造浓厚的宣传氛围。第四,学校能够按照绿色管理的要求,将可持续发展的办学理念贯穿于学校的整体发展规划之中,将生态文明教育内容纳入学校的中长期发展规划和年度计划(学年、学期工作计划);积极探索在学科教学活动中有机渗透生态文明教育,每学年开设环保课12课时以上,积极组织开展多种形式的环境教育活动;将学校美化、绿化与学校建设相结合,与校园文化建设相结合;校内常年设立用语亲切、位置与周边环境相协调、固定醒目的环境宣传教育标语牌或警示牌。第五,企业能在厂内醒目位置悬挂设置环保宣传标语;生产过程中践行节水、节电,使用清洁能源,实施清洁生产;无污染事故和违法排污行为。第六,景区能定期举行面向景区工作人员及游客的生态文明宣传活动;能依托景区各类平台进行生态文明宣传,通过拓展思路将生态文明相关标志标语融入景区的自然景观中。第七,交通部门能在站点及车辆等人流量大的点位设置宣传牌,在各咨询点配备环保宣传册,开展环境保护宣传。第八,酒店能在大堂、电梯、餐厅等醒目处张贴宣传画、宣传标语,咨询点配备环保宣传册及节电、节水提示语。

三、生态文明共建共享

习近平总书记曾在"十八届中央政治局第四十一次集体学习"中指出,生态文明建设同每个人息息相关,每个人都应该做践行者、推动者。建设生态文明,关系人民福祉,关乎民族未来。在制定和实施生态环境治理方案时,应以实现、维护、发展好最广大人民的

生态权益作为根本出发点和落脚点;始终依靠人民,通过完善生态文明公众参与制度,畅通生态文明公众参与渠道,促进生态文明建设的全民参与、全民监督和全民评价,发挥人民群众的巨大智慧和创造力,不断提高生态文明建设水平,只有这样才能调动起人民群众建设生态文明的积极性和创造性;要从解决人民群众最关心、最直接、最现实的重大环境问题入手,加大生态环境公共产品的供给力度,使全体人民共享蓝天、碧水、青山和净土。

(一)鼓励全民参与生态文明建设

群众思想观念的转变是全民参与生态文明建设的前提。我国生态文明建设尚处于自上而下的政府主导阶段,公众的环境保护意识尚浅,需要对公众进行深入的生态文明宣传、培训、教育,使生态文明建设理念根植于公众心中,并自觉践行。要使公众树立"保护环境,人人有责"的意识,生态环境与个人生活、健康息息相关,每个人都可能是污染的制造者和受害者。

群众行动是检验全民参与生态文明建设成果的直接途径。生态文明建设是一个长期的过程,自然环境保护也非一朝一夕就能完成,这些都需要全体社会成员拿出实实在在的行动。从节约每一度电、每一滴水、每一张纸、每一粒米,到少开车、多走路,支持绿色出行;从购物使用菜篮子、布袋子,减少白色污染,到使用节能型洁具,少使用一次性用品;从多种花草多栽树,到欣赏青山绿水再到保护青山绿水等。虽然这些只不过是一些微小的事,但都是值得点赞的生态保护行为。

(二)畅通生态文明公众参与渠道

生态文明建设不仅需要公众在日常生活中的践行,也需要公众在政府生态文明建设政策制定中的融入。其中,健全的信息披露制度是公众参与生态文明政策制定的前提。根河市政府应自觉完善生态环境信息公开制度,保障公民的知情权、参与权与监督权,企业及其他公众机构等也应将其所掌握的环境信息通过适当方式让社会公众知晓。

首先,根河市应将生态文明建设的重大决策、文件、项目进展等相关内容纳入"根河市政府信息公开平台"的"重点领域"中。也可以借助政府官方微信、微博平台推送生态文明建设的相关内容(如生态文明建设涉及的项目招标信息、根河市全国污染源普查数据结果等),让百姓了解根河市生态文明建设进程。

其次,根河市应采取调查公众意见、咨询专家意见、座谈会、论证会、听证会等形式,公开征求公众意见。《中华人民共和国环境保护法(试行)》《国务院关于环境保护问题的若干决定》《中华人民共和国水污染防治法》和《中华人民共和国环境噪声污染防治法》《环境影响评价公众参与暂行办法》等法规中都明确了环境保护的公众参与权。因此,应秉持生态文明建设透明化、民主化、科学化原则让公众参与到生态文明建设政策制定中,让公众为自己发声,为生态文明建设进言献策。

最后,根河市应建设生态文明建设数据库,该数据库应包括三个子数据库:一是根河市生态文明建设前期的资源普查子数据库,包括根河市自然资源(森林覆盖率、树种、矿产资源、河流水质等),人文资源(民族构成、人口比例、年龄构成等),气候气象(负氧离子浓度、平均气温、降水量、无霜期等）等三大指标数据，表征根河市生态文明建设的原点（即初始状态）；二是根河市生态文明建设"在建项目"跟进子数据库，该数据库主要用于公众实时了解根河市生态文明建设进程，数据库中包含根河市生态文明建设的所有项目名称及建设经费去向，对根河市所有市民授予访问权限；三是根河市生态文明项目督查子数据库，该数据库属于末期工程（约于2030年投入使用），主要用于对已完成的生态文明建设项目进行定期检查，以便及时发现生态文明建设漏洞，也便于公众后期参与根河市生态文明建设的监督。

（三）打造全民监督、全民评价氛围

生态文明建设是一个漫长而艰难的过程，建设初期需要转变发展观念，树立生态文明意识；实际建设过程需要以生态文明建设总体规划为蓝本加以推进，这一过程中难免会出现一些意想不到的问题，这就需要公众进行不间断的监督。

目前，国家生态环境部设立的"12369"环保举报热线，是群众进行环境监督的重要渠道。此外，新媒体的发展，使公众除了通过电话、信函、传真、电子邮件等传统参与方式外，还可通过微博、微信、手机APP（应用程序）软件等进行"环保随手拍"，向政府部门举报污染问题，监督企业行为。

公众在生态文明建设过程中，作为参与者、监督者、行动者的各种角色都要履行到位，才有可能取得根本性的成效。

（四）携手国际社会，共建美好家园

碳汇经济的兴起是根河生态文化建设走向国际的契机之一。联合国政府间气候变化专门委员会曾在其评估报告中指出，林业具有多种效益，兼具减缓和适应气候变化双重功能；相关资料则表明，林木每生长1立方米蓄积量，大约可以吸收1.83吨CO_2，释放1.62吨O_2。2013年以来，碳汇经济得到快速发展，我国先后启动了北京、天津、上海、重庆、湖北、广东、深圳和福建8个碳交易试点；2017年底，全国统一碳排放交易市场正式启动。截至目前，内蒙古自治区已完成120万林业碳汇交易额，丰厚的森林储备量开始引起世界关注。结合碳汇经济发展前景和根河实际，根河应发挥其高森林覆盖率优势，积极参与国际社会的碳汇交易，改善根河属于典型生态脆弱区域、农民致富途径单一的困境，实现绿水青山向金山银山的转变，在享受优质生态环境的同时富裕一方百姓；为生态文明建设、生态文化宣扬提供一定经济补充的同时积极向外推介根河，树立根河绿色、健康的生态形象。

第十一章 加快推进生态惠民

　　大力推进生态文明建设是坚持人民为中心思想，不断满足人民日益增长的对美好生活需要的内在要求。良好生态环境是最普惠的民生福祉，坚持生态为民、生态富民、生态惠民，重点解决损害群众健康的突出环境问题，不断满足人民日益增长的优美生态环境需要，是建设美丽中国、幸福中国的出发点和落脚点。

一、生态为民策略

　　习近平总书记反复强调，良好生态环境是最公平的公共产品，是最普惠的民生福祉。他在党的十九大上提出，要提供更多优质生态产品以满足人民日益增长的优美生态环境需要。民之所望，政之所向。生态环境是关系党的使命宗旨的重大政治问题，也是关系民生的重大社会问题，必须将生态为民作为生态文明建设的基点。

（一）切实满足人民群众的生态环境需要

　　对清洁空气的需要、对干净饮水的需要、对生态安全的需要等生态环境需要是人的基本需要，直接关涉到人的生存需要、发展需要和享受需要。因此，根据我国社会主要矛盾的变化，社会主义生产的目的必须定位在更好满足广大人民日益增长、不断升级和个性化的物质文化和生态环境需要上。

1. 着力解决损害群众健康的突出环境问题

　　良好的生态环境是人和社会持续发展的根本基础，没有健康，提高生活水平无从谈起。目前，根河环境污染主要聚集在水污染和固体垃圾污染两方面，也存在轻微的燃煤带来的大气问题和施肥带来的土地污染问题，相关主管部门应立即采取相关防治措施，从源头上扭转环境恶化趋势，切实维护人民群众的环境权益，把良好环境作为公共产品来提供，下决心解决损害群众健康的突出环境问题，让群众喝上干净的水，呼吸新鲜的空气，吃上放心的食物，享有适度的绿色空间，推动形成人与自然和谐发展的新格局。

2. 构建生态系统良性循环的生态安全体系

安全的生态系统是根河市生态文明建设和发展的自然物质基础和基本保障，必须监测、规范和管理保护好根河市的自然资源和生态系统，以保证根河市生态文明建设的可持续性、人民对优美生态环境需求的实现。未来10~20年，要保证根河生存与发展所需要的整个自然环境处于无危险的状态，即生态系统的平衡得到维护，自然界的自然过程保持一种和谐状态；可再生自然资源的再生条件得到保护；不可再生资源备受珍惜和得到节约利用；自然界的环境容量得到尊重；环境的自然净化能力得到维护。

3. 谋划宁静、和谐、美丽的人居环境体系

人的环境权利受到尊重和保护需要宁静、和谐、美丽的人居环境来彰显，人的生命活动和健康所需要的正常条件在此环境中都能得到保障。要全面实现产业生态化、生态产业化，完成能源结构和产业结构的调整，使绿色经济建设成果显著，经济建设成果切实转化为惠民政策，民众对环境问题高度关注、拥有较高的生态文明意识。

（二）切实保障人民群众的生态环境权益

生态环境权益是人民群众在生态环境领域中享有的一切权益的总和，包括生态环境事务上的知情权、参与权、监督权等权益。根河市政府各级环境保护机构应切实保障《中华人民共和国环境保护法（试行）》《国务院关于环境保护问题的若干决定》《中华人民共和国水污染防治法》和《中华人民共和国环境噪声污染防治法》《环境影响评价公众参与暂行办法》等法规中的公众参与权，自觉进行生态环境信息披露；当自身的生态环境权益受到侵害时，公众应主动寻求法律保护。公民、法人因生态环境污染危害而侵害了公共财产、他人财产以及他人人身安全时，依法承担生态环境侵权民事责任；主管单位有权要求严重污染与破坏生态环境的侵权人排除危害，并对直接受到损害的单位或者个人进行损失赔偿（佟占军，2016）。

（三）依法保证群众共享生态文明建设成果

良好生态环境是最公平的公共产品。为保证人人都能享受优美的生态环境，根河市要贯彻落实《生态环境损害赔偿制度改革方案》《公民生态环境行为规范》《最高人民法院关于审理海洋自然资源与生态环境损害赔偿纠纷案件若干问题的规定》《关于民事诉讼证据的若干规定》《中华人民共和国环境保护法》《中华人民共和国民法通则》《中华人民共和国水污染防治法》《中华人民共和国大气污染防治法》《中华人民共和国固体废弃物污染防治法》以及《中华人民共和国环境噪声污染防治法》中的生态环境污染条例，加强环境公益诉讼，正确处理生态环境领域中维稳和维权的关系，同损害人民群众生态环境权益的一切行为进行坚决的斗争，同生态环境领域的消极腐败进行坚决的斗争。

二、生态富民措施

从民生福祉的高度推进生态文明建设，必须自觉把经济社会发展同生态文明建设统筹

起来，协调推进人民富裕、国家强盛、中国美丽（刘湘溶，2018）。荀子认为，"利足以生民"。马克思认为，思想离开利益就会出丑。同时，人依靠自然界而生活。因此，必须坚持生态利民，将之作为生态文明建设的重要抓手。

（一）大力创造和培育优质的生态产品

要坚持走生产发展、生活富裕、生态良好的文明发展道路。既要严格生态环境标准，按照节约、清洁、低碳、循环、安全和高效的原则，不断增强物质产品的绿色含量和生态含量，促进物质产品的生产和消费向绿色化和生态化的方向发展，也要在加大生态产品的生产和供给的基础上，通过绿色科技创新来不断提升生态产品的经济附加值和经济效益，在向群众提供绿色产品的同时丰富人民群众的物质生活，实现生态价值、经济价值、社会价值的有机融合。

（二）经济建设成果切实转化为生态惠民

要充分利用中华人民共和国成立以来尤其是改革开放40年来积累的坚实物质基础，坚决打好污染防治攻坚战，加大力度解决生态环境问题、推进生态文明建设。逐步建立常态化、稳定的生态文明建设的财政资金投入机制，夯实生态文明建设的物质基础、改善根河现存惠民体系、提升生态文明建设的科技水平，推动根河市生态文明建设迈上新台阶。尤其是，要加大对根河市弱势群体、困难群众的关注力度，大力支持绿色经济产业，大力扶持生态移民，积极探索国有经济林碳汇交易制度建设，切实打破贫困和环境的恶性循环，在共同富裕中走向人与自然和谐共生，在生态良好的基础上实现共同富裕。

三、生态惠民途径

良好生态环境是最普惠的民生福祉，是关系党的使命宗旨的重大政治问题，也是关系民生的重大社会问题。生态文明建设的目标在于守住生态和发展两条底线，实现"生态美"和"农民富"共生。根河市88%的土地都在生态红线范围内，是我国重要的生态功能区；森林覆盖率为91.7%，属于典型的生态脆弱区域，农民致富途径单一。必须按照以人民为中心的发展思想和共享发展的科学理念，完善根河市惠民体系，切实做好经济建设成果转化，使根河市人人共享生态文明建设红利。

（一）教育惠民

党的十八大以来，习近平总书记站在实现"两个一百年"奋斗目标和确保中国特色社会主义事业后继有人的高度，强调重视教育就是重视未来、重视教育才能赢得未来，把教育摆在优先发展的战略地位。党的十九大报告指出，建设教育强国是中华民族伟大复兴的基础工程，要推动城乡义务教育一体化发展，高度重视农村义务教育，办好学前教育、特殊教育和网络教育，普及高中阶段教育，努力让每个孩子都能享有公平而有质量的教育；完善职业教育和培训体系，深化产教融合、校企合作。

目前，根河市共有23所基础教育学校和1所中等职业学校。其中，基础教育学校包括幼儿园8所，小学、初中各7所，高中1所。近年来，根河市各级政府重视基础教育投资，着重对幼儿办园环境进行改善，完成了全国义务教育质量监测工作，并有四所学校获得了呼伦贝尔市文明校园称号；职业教育方面，根河市职业高中目前主要以计算机应用、数字媒体技术和工艺美术专业为主进行招生，不涉及校企合作事宜，也不存在学生实习状况，更不存在集团化办学。除正常教学外，根河市职业高中还面向社会开展特色种养业（生猪、野猪、黑木耳）、桦树皮画制作工艺、林下野生植物资源开发、计算机应用、宾馆客服及餐饮等培训，截至2017年底，已累计培训1420人次。就现状而言，根河市教育与"有质量"的教育间还存在一定的差距。结合根河市现状与国家教育方面的战略部署，对根河市教育质量提升作建议如下。

首先，启动中小学教育教学质量提升工程。一是建章立制，明确方向和目标要求，编制《根河市中小学教育质量提升工程实施方案》《根河市普通高中学校质量提升考核奖惩办法》，对全市高中教育、义务教育质量提升进行规划，细化教育质量提升考核指标，确保每个学段质量提升目标明确，进度清晰，形成考核过程公平公正、考核结果奖罚分明的激励机制。二是同步实施追赶超越"能力建设年"行动，为"抓教学、提质量、保稳定、强素质"提供人力保障。例如，对中小学校（幼儿园）教师开展职业道德评价，组织举办教学能手、学科带头人、根河名师等多项评选活动，加快高素质、专业化的"四有"教师队伍建设；对校长（园长）实施管理能力提升工程，举办校长管理能力提升培训班，开展名校长（园长）评选等活动，强化校长务本求实抓教学意识，提高校长（园长）管理能力；对教研教改队伍加强业务能力建设，开展听课评课、课改培训、学术讲座等活动，提高教研指导能力。全市教育系统从教育机关到学校、从领导干部到每名一线教师，都自我加压，提升能力，适应追赶超越工作新常态。

其次，完善职业教育和培训体系，深化产教融合、校企合作。根据根河市社会经济发展实际进行专业设置，如采矿、动物养殖、旅游管理、护理专业，这几个方面的人才都将是未来根河市发展必不可少的专业人才；同时，职业高中落实校企合作奖励政策，企业接收教师、学生实习或为学校提供实训设备即享受税收减免、政府补贴、授予荣誉等优惠政策，引导行业企业在职业学校培养目标制定、专业设置、课程改革、学生实习、实训基地建设、教师培养等方面发挥作用。

再次，丰富充实教学内容。党的十九大报告不仅指出要做"有质量"的教育，也强调了要培养德智体美全面发展的社会主义建设者和接班人。除了提升教学质量外，根河市教育还应着眼未来，将新时代社会主义核心价值观、根河市传统文化和技艺、生态文明等内容纳入教学内容，与京津冀协同发展、长江经济带等国家战略部署与"一带一路"倡议相结合，为中国传统文化的传承、中华民族的伟大复兴输送人才。

最后，对特殊家庭的孩子给予学费减免和生活补助。对于最低生活保障户、无劳动能力家庭的孩子在义务教育阶段，给予每月每人300元的生活补贴；高中阶段，给予学费减免；高等教育阶段，给予每月每人2000元的生活补助。

（二）医疗惠民

根河市目前共有48个卫生机构，其中，市级医院3个（2家综合医院，1家中医院），基层医疗卫生机构41个（个体诊所29个），专业公共卫生机构4个，医疗机构数量合理。但随着经济社会发展、民众收入提高、全民医保实施、待遇提升、交通空间成本下降，患者到高级别医疗机构以及区域医疗中心机构就医的现象日益普遍，且不断加剧，优秀医务人员也不断向上级医疗机构集中，出现了大医院门庭若市、基层医院门可罗雀的鲜明对比。

医疗体制改革是近年来国家开展的一项重要工作。2015年，国家发布了《国务院办公厅关于推进分级诊疗制度建设的指导意见》作为建立分级诊疗制度的总纲领，并在此基础上连续出台了关于高血压、糖尿病分级诊疗重点任务、家庭医生签约、医联体建设的相关文件，从而形成了家庭医生、医联体、慢性病管理的体系化的文件；2016年，习近平总书记在全国卫生和健康大会中强调分级诊疗制度建设是今后医疗体制改革中最重要的工作；医疗体制改革十三五规划将建立"分级诊疗制度"置于5项重点医改任务之首，分级诊疗成为医疗体制改革的重中之重。

目前，针对看病难、看病集中问题，根河市已拟定分级诊疗建设目标，旨在构建基层首诊、双向转诊、上下联动、急慢分治的分级诊疗就医格局。但全国各省分级诊疗建设经验表明，分级诊疗有着极强的地域区别，需要根据地区情况进行体系构建。从根河市基本情况来看，根河市地处大兴安岭西北坡，年平均气温-5.3℃，极端低温-58℃，年封冻期210天以上，满归、得耳布尔、阿龙山等区域远离根河市区，紧急病症在确诊后再转诊不具备可操作性。因此，建议根河市从以下五方面进行医疗卫生体系建设。第一，实施经济激励的首诊机制。鼓励民众小病就近医治，经过首诊可降低起付线、提高医疗报销比例，降低市中心医疗机构的救助负担。第二，加强远程医疗合作，即"互联网+"的分诊制度。通过远程专家问诊，将大病患者直接导医到最高级的医疗机构就医。第三，开展家庭医生签约服务工作，方便群众就医。根河市人口集聚于城镇，便于家庭医生进行身体健康检测，镇上的居民与家庭医生签约后可选择到市人民医院、市中蒙医院进行分诊。第四，强化医疗人员管理。对驻乡镇进行医疗服务的医护人员给予特殊补助，强制要求市级医院权威专家定期下乡坐诊（每周一次），并在乡镇级卫生机构搭建手术室，方便专家坐诊时开展手术；第五，开通特殊家庭、老年人就医"绿色通道"。

（三）养老惠民

老龄化问题历来都是党和国家关心的重点民生问题之一。党的十九大报告中提出，我们要"构建养老、孝老、敬老政策体系和社会环境，推进医养结合，加快老龄事业和产业发展"。满足数量庞大的老年人口多方面需求、妥善解决人口老龄化带来的社会问题，事关发展全局，事关百姓福祉，需要下大气力解决。基于上述情况，对根河市的惠民养老建议如下。

首先，积极推动医疗资源和养老资源融合发展。《"十三五"国家老龄事业发展和养老体系建设规划》中明确提出要完善医养结合机制。根河市可深入开展医养结合试点，建立健全医疗卫生机构与养老机构合作机制，建立养老机构内设医疗机构与合作医院间双向转诊绿色通道，为老年人提供治疗期住院、康复期护理、稳定期生活照料以及临终关怀一体化服务。大力开发中医药与养老服务相结合的系列服务产品，鼓励社会力量举办以中医药健康养老为主的护理院、疗养院。

其次,建立健全养老服务体系。该服务体系以居家养老为基础、社区养老为依托、机构养老为支撑。居家养老、社区养老、机构养老的分层设计可以较为科学地实现养老需求的全覆盖。具体来说,根河市下辖的5个乡镇都应当配备社区养老服务和设施,如设立老人购物中心和服务中心;开设老人餐桌和老人食堂;建立老年医疗保健机构;建立老年活动中心;设立老年婚介所;开办老年学校;开展老人法律援助、庇护服务等。同时,还要积极引进专业的养老机构,以实现"三无"老人的养老保障。

最后,实现老有所乐的多元化途径。随着老年人养老需求的刚性增长及其需求内容和层次的提升,要设计系列活动丰富老年生活,实现老有所乐。根河市可根据实际扶持专业组织提供助浴、助洁、助行、助急、喘息托管等专业服务,满足老年人个性化服务需求;树立尊老、敬老、爱老和养老的社会风气,使老年人在社会上得到公正合理的待遇;兴办老年人的娱乐场所,如老人俱乐部、老人联谊会等;举办老年人锻炼及养生讲习班;建立老人社团,开展各项有益老年人身心的社会活动;为老年人提供必要的活动经费。

(四)文化惠民

党的十九大报告明确指出,要完善公共文化服务体系,深入实施文化惠民工程,丰富群众性文化生活。满足人民过上美好生活的新期待,必须提供丰富的精神食粮。

根河市文化惠民体系建设主要集中在传统文化方面。敖鲁古雅文化是根河市传统文化的代表,目前已打造《敖鲁古雅风情》《敖鲁古雅寒冬》等舞台剧,曾在南美洲智利和我国上海市等地做过巡回展演;同时,已搭建"敖鲁古雅文化博物馆""非物质文化传承所""非物质文化展演中心"(预计2018年底完工),用于根河市传统文化宣传。但总体说来,根河市的文化事业尚属于"精英层次"的消费品,尚未实现文化进万家、走基层的文化建设目标。据此,根河市可从以下三方面进行文化惠民建设。

首先,新建一批文化惠民设施。除敖鲁古雅乡外,阿龙山镇、金河镇、满归镇、得耳布尔镇均需要设置乡村图书馆、探索馆、演艺中心、美术馆、市民活动中心等馆所,以方便居民感知文化、享受文化、共建文化,丰富群众的文化生活。

其次,开展系列文化惠民活动。一是非遗展示(桦树皮制作工艺品)、传统民俗展演(《敖鲁古雅风情》《敖鲁古雅寒冬》等舞台剧);二是"文博走基层",分批次将敖鲁古雅文化博物馆中的物件带到阿龙山镇、金河镇、满归镇、得耳布尔镇进行展示,并配置专业讲解员;三是公益性播放电影,逢年过节(或每周五)可在乡镇图书馆或市民活动中心组织免费观影活动,影片主题可以是生态文明建设、党建、传统文化宣传等方面。

再次,推广"互联网+TV"服务。互联网与云计算、大数据、物联网、智能手机等新一代信息技术的加速运用已经全面改变了国人的生活面貌:有线电视(包括数字电视、闭路电视等)已经逐渐被网络电视和智能手机替代,民众在家观看网络电视,出门在外则用智能手机播放视频。可以预见,到2035年,根河市有线电视市场将会遭受进一步蚕食,政府必须提前做好应对准备。建议根河市政府制定"电视革新"方案,主要分两步走。第一,2025年前,根河市网络电视普及率不会有太大浮动,政府可将有线电视画质提升作为主要工作,具体可联合"广电网络根河分公司"向民众提供"机顶盒"购买优惠,实现智能网关置换,并向市民免费开放高清互动云电视所有付费点播专区(如搜狐、优酷等互联网专区、黄冈学霸等）。第二，2035年，不论我国"三网融合"工程推进进度如何，互联网的发展都是不可逆的趋势，根河市政府应提前与移动、电信、联通等网络运营商合作，改善根河市境内网络（目前，大多数区域网络不佳），为互联网电视的普及、百姓良好的观看体验打好基础。

最后，尝试建设影视基地。《沉默的雪》《后来的我们》等影视作品都曾在根河市取景，因此可尝试还原电影拍摄现场，用以吸引旅游者，在创造经济收益的同时树立根河的文化自信。

（五）信息惠民

信息惠民，就是要促进部门间信息共享，深化简政放权、放管结合、优化服务改革。也就是部门间政务服务相互衔接，协同联动，打破信息孤岛，变"群众跑腿"为"信息跑路"，变"群众来回跑"为"部门协同办"，变被动服务为主动服务。2015年4月，国务院办公厅转发国家发展和改革委员会等10部门《推进"互联网+政务服务"开展信息惠民试点实施方案》，提出加快推进"互联网+政务服务"，深入实施信息惠民工程，构建方便快捷、公平普惠、优质高效的政务服务体系。此后，信息惠民建设拉开了序幕。根河可分三步实现信息惠民。

首先，实现群众办事"一号申请"，即以身份证为唯一标识建立公民电子证照目录和电子证照库，推动跨区域电子证照互认共享。要实现这个目标，需要根河市政府对涉及群众办事的政务服务事项进行全面梳理，汇总群众办事所需证明证件，建设统一的电子证照采集维护和共享交换平台，让群众在提交办事申请时只需提交身份证号即可自动关联到所需证明文件。

其次，建设"一窗受理"的服务模式，即通过网上大厅和实体大厅一体化建设，实现"前台统一受理、后台分类审批、统一窗口出件"。这就要求根河整合构建统一的数据共享交换平台和政务服务信息系统，推进各级共享交换平台对接，从而支撑政务信息资源跨部门、跨层级、跨区域互通和协同共享，实现政务服务事项"一窗"受理，就近能办、同城通办、异地可办。

最后，搭建"一网通办"的政务服务渠道。移动互联网具有多屏、多终端、多渠道的特点，因此，根河可为群众提供政务网站、政务APP、政务微信等在内的网上服务渠道，但要保证不论网民通过何种渠道上网，获取到的都是无差别的服务内容，满足不同群体，不同场景下的办事需要。

（六）社会救助惠民

社会救助在多层次的社会保障体系中扮演了兜底的角色。我国以《社会救助暂行办法》为依据，已初步搭建了最低生活保障、特困人员供养、受灾人员救助、医疗救助、教育救助、住房救助、就业救助、临时救助外加社会力量参与的"8+1"型救助制度体系，一定程度上满足了上述弱势群体在面临困难时维持基本生活的需求。但我国社会救助的方式主要是提供现金或实物，无法满足救助对象差异性与多样化带来的多样救助需求，难以对救助对象的困难和成因采取有针对性的解决措施。

根河的社会救助对象主要包括特困人员和低保户。特困人员救助方面，2018年初，根河市政府发布了《根河市人民政府关于进一步健全特困人员救助供养制度的实施意见》（根政发〔2017〕101号），已将无劳动能力、无生活来源、无法定赡养抚养义务人或者其法定义务人无履行义务能力的城乡老人、残疾人、未满16周岁的未成年人纳入了特困人员救助供养范围。救助供养内容包括提供基本生活条件、对生活不能自理给予照料、提供疾病治疗、办理丧葬事宜、提供住房救助、提供教育救助6个方面；低保人员救助方面，截至2017年12月，根河市共有低保人数13024人，低保户数6870户，全年共为16.9197万人次累计发放低保资金7771.6724万元。

综上，结合《社会救助暂行办法》和根河市实际，对根河市现有的社会救助体系作以下补充：第一，拓展社会救助服务内涵。在社会救助手段上，需要促进由传统的物质救助转向生活照料、精神慰藉、心理疏导、能力提升和社会融入相结合的综合援助，激发困难家庭走出贫困的信心和决心。第二，织密织牢兜底民生保障网。社会救助主要扮演兜底的角色，需要覆盖所有需要救助的社会群体。根河市应在已有的救助体系基础上增加临时救助、就业救助等内容，将城乡低收入家庭（指家庭人均月或年收入低于当地城乡低保保障标准1.5倍），因大病、重病、重度残疾或遭受突发灾害等原因以及其他不可抗拒因素造成难以维持基本生活而导致家庭生活困难的人群，边缘群体（如自闭症患者）等纳入社会救助体系中。第三，鼓励、发动社会力量参与社会救助。根河市可采取委托、承包、采购等形式向社会力量购买社会救助服务，强化社会力量提供志愿服务、设立帮扶项目、创办服务结构、捐赠等支持，通过社会力量动员、整合公益慈善和志愿服务等社会救助资源。第四，构建社会救助监督体系。根河市需成立社会救助监督小组跟进、落实每笔社会救助资金的去向，确保社会救助金为民所用。

（七）就业创业惠民

党的十九大报告指出："就业是最大的民生。要坚持就业优先战略和积极就业政策，实现更高质量和更充分就业。大规模开展职业技能培训，注重解决结构性就业矛盾，鼓励创业带动就业"。《国务院关于印发"十三五"促进就业规划的通知》（国发〔2017〕10号）指出了5个具体就业方向，即：增强经济发展创造就业岗位的能力；提升创业带动就业能力；加强重点群体就业保障能力；提高人力资源市场供求匹配能力；强化劳动者素质提升能力。

根河市面临着较为严重的就业形势。2017年，在未统计人口离居率的情况下，根河市城镇登记失业率为3.9%。一方面，禁伐令颁布实施以来，大量岗位流失，大批森林工人被迫离岗；另一方面，根河市缺乏支柱性产业、大型工厂，能为市民提供的岗位数量太少；同时，受自然环境的限制，高校毕业生毕业后不愿回乡就业，加剧了根河市高素质人才的短缺。

劳动力是维系国民经济运行及市场主体生产经营必须的基本要素之一，高素质人才更是地区经济快速发展的助推剂。根河市应以未来的经济社会发展目标为依据，创建利于根河市发展的就业创业体系。首先，根河市应积极做好人才储备工作。绿色矿山、林下经济产业和文旅产业将是根河市未来的发展重点，应对市民提前开展相关技能培训，或是在根河市职高中开设相关专业，为根河市下一步的经济发展储备好人员；其次，做好高校毕业生回乡引导工作。可通过学费代偿、资金补贴、税费减免等扶持政策，进一步引导和鼓励根河市籍高校毕业生回根河、乡镇（基层）、中小微企业就业。最后，落实好失业人员再就业工作。目前，根河市已针对下岗失业人员展开了小额贷款工作，旨在鼓励下岗失业人员进行创业工作。但创业也是需要专业指导的，可通过政府购买服务机制，鼓励和引导各类优质教育培训资源投入创业培训。同时，由于创业成效的显现需要一定时间，为解燃眉之急，可结合政府购买基层公共管理和社会服务岗位，实现下岗工人的再就业。

（八）其他公共服务惠民

只要是人民关心的，就应是政府重视的。党的十九大报告指出："要抓住人民最关心最直接最现实的利益问题，既尽力而为，又量力而行，一件事情接着一件事情办，一年接着一年干。坚持人人尽责、人人享有，坚守底线、突出重点、完善制度、引导预期，完善公共服务体系，保障群众基本生活，不断满足人民日益增长的美好生活需要，不断促进社会公平正义，形成有效的社会治理、良好的社会秩序，使人民获得感、幸福感、安全感更加充实、更有保障、更可持续。"因此，除了上述的教育惠民、医疗惠民、养老惠民、文化惠民、信息惠民、社会救助惠民、就业创业惠民等重点民生领域外，根河市交通、通信、饮食、环境等惠民体系的构建也需要引起关注。

交通方面，目前根河市干线公路网络已基本铺设，但公路等级较低，与周边各市（区）的交通通达性不够。政府应当提升优化根河交通干线公路质量，并积极推进《根河市交通运输"十三五"发展规划》，早日与周边市（区）互通，改善根河的可进入性难题。同时，为各乡镇卫生站配备救护车，并采用政府补贴等方式尽量降低市民的出行成本。

通信方面，根河境内手机信号普遍不好，政府应积极与网络运营商沟通，争取在生活区架设信号塔，保证信号稳定。

饮食方面，受气候环境的限制，根河的蔬菜供应基本完全依赖山东、天津等地，饮食成本高的同时还无法保障菜品的健康性。可积极与国内各高校、研究所联手，研发适应根河环境气候的蔬菜培植技术（如塑料大棚），让居民吃上自己种的绿色蔬菜。

环境方面，实现环境景区化。满归、金河、阿龙山、得耳布尔要尽快解决污水和垃圾处理问题，应完善根河市生活垃圾收集、转运、无害化处理系统，进一步提高生活垃圾无害化处理率。在各乡镇建立垃圾收集站点，增设垃圾桶等相关市政设施，提高垃圾收集率。

第十二章
生态宜居体系建设

"生态宜居"蕴含了人与自然之间和谐共生的关系,凸显了在城乡建设中尊重自然、顺应自然、保护自然的理念,强调生态环境与宜居环境的有机融合,实现了从外在美向外在美与满足人民日益增长的美好生活需要相统一的转变。

一、根河市人居环境现状与问题

随着经济发展和人民生活水平的提高,追求人文与自然的和谐共存,人居环境需要不断改善,强调物质享受与精神满足并重。根河市人居环境存在的主要问题是,由于冷极气候特征,冬季漫长寒冷,供暖时间较其他省份要长,不仅资源能源消耗过多,生活舒适度也较其他省份或地区有一定的差距。另外,城市中心还有部分老旧小区的配套设施不足、设备功能落后、环境脏乱差、道路拥挤等问题存在。部分景区的建筑风格、布局设施、色彩搭配、旅游标识系统与环境不协调,传统景观的风格未凸显出来。部分道路质量较差,恶劣天气条件下通车十分艰难。没有固定的垃圾填埋处理场地,污水处理设施不足,部分生活污水污染了浅层地下水。市镇建设工程、路灯、取暖利用的都是常规能源,需要进一步调整能源结构供给,提高清洁能源所占比例。

二、生态宜居体系建设思路

(一)指导思想与基本原则

生态宜居环境是根据生态学原理以及可持续发展观,依据现代科学与技术手段逐步创建的自然—社会—经济—文化复合生态系统,是一种可持续发展的人居环境模式。建设的指导思想是,坚持以人为本,以统筹经济社会学协调发展为主线,以生态学和人居环境学理论为基础,以提高人民健康素质、率先基本实现现代化为根本目标，以满足人的基本需求为出发点，在经济协调发展的基础上，打造根河市和谐宜居的人居生态环境，促进根河市人与自然和谐相处。

根河市生态宜居体系建设应坚持以下基本原则。

（1）因地制宜原则。结合根河市经济结构现状、自然资源优势、环境保护状况、基础设施建设和社会文化，从本地实际出发，发挥区位、环境和资源优势，切实统筹好自然与人工、城市与乡村之间的关系，将生态文明建设融入经济、文化和社会建设的各方面和全过程，突出特色。

（2）统筹兼顾原则。从根河市发展全局和广大群众的根本利益出发，统筹兼顾，合理布局，妥善处理区域保护与发展的关系，促进城乡之间、区域间公平协调发展，促进整个社会协调发展。

（3）可操作性原则。生态文明建设体现了一种全新的环境伦理观，是一种崭新的社会文明形态。因此，生态宜居体系建设规划需要全新的理念，同时作为一个建设规划与设计又要有很强的可操作性，从而使规划落实到实际建设中，打造全国生态文明城市建设范本。

（4）公众参与原则。强化以政府为主导，各部门分工协作，全社会共同参与的共组机制，通过全民参与，形成合力。着力提高社会公众参与建设的积极性，发挥公众监督与反馈，提高全社会生态文明意识。促进生态宜居体系建设深入、扎实、有序地向前发展。

（二）建设目标和技术路线

从满足公众生存需求和消费需求为出发点，在对根河市人居环境存在的主要问题分析的基础上，以生态文明建设系列工程为载体，通过优化城乡布局、完善城镇基础设施和社区建设，构建城乡景观赏心悦目、建筑交通绿色低碳、居住环境干净整洁、基本保障舒适安全、消费行为节约适度的生态生活体系。

技术路线：在对根河市人居环境的五大问题进行分析和判断的基础上，提出根河市打造和谐人居环境、促进根河人与自然和谐相处的人居环境生态目标，提出城市景观身心愉悦、建筑交通低碳环保、居住环境整洁有序、基础设施安全舒适以及消费行为绿色节约五大根河市人居环境具体目标（图12-1）。

（三）建设策略

1. 通过建设大型公共绿地、社区绿地以及水域湿地等，以及建设各具特色的城镇形态，打造赏心悦目的城镇景观。

2. 通过推广新能源和新材料在建筑中的应用、老旧小区改造、新建小区绿色建设等措施，实现城市建筑绿色低碳；通过完善公共交通基础设施、提高清洁能源消纳水平、倡导绿色出行、完善自行车租赁模式等措施，打造高效便捷、舒适安全、绿色环保、节能、开放的综合交通系统。

3. 通过城镇环境综合整治，营造干净整洁的居住环境。

4. 通过完善城镇一体化的公共设施、加强饮食安全监管力度等措施，为居民创造舒适安全的基本生活保障。

5. 培育节约型的生活方式和消费方式。

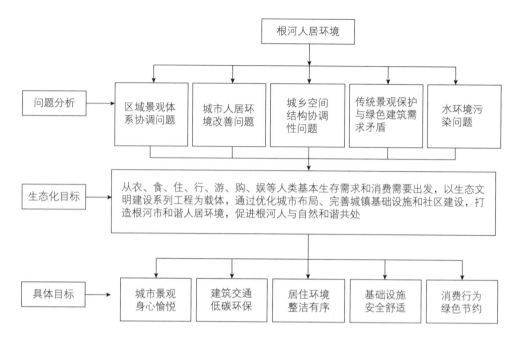

图12-1 生态宜居体系规划技术路线图

三、打造生态宜居城镇

（一）加强市政基础设施建设

根河市政基础设施建设取得了很大成绩，其中：排水管网长度30.4千米（主管网14千米，二、三级管网16.4千米）；道路长度45.01千米（主干道23.97千米，次干道21.04千米）；道路面积107.42万平方米；路灯盏数1153盏；照明道路长度40千米；绿地面积555公顷；人均公园绿地面积16.6平方米；供水普及率93.53%；燃气普及率84.39%；生活垃圾无害化处理率97.6%；2014年廉租房建设3163户，建筑面积163665.2平方米。从目前数据来看，市政工程建设规模在不断扩大，但质量有待进一步提高，如：道路宽度有待加宽，道路质量有待提高，部分镇间消防通道在雨雪天气通行相对困难，路灯等仍利用传统能源，城市绿地有待进一步规划建设，居住区环境建设应进一步加强。

根河市目前已有物业管理企业4家，物业管理资质等级均为三级，物业管理、服务从业人员约160余人。物业管理覆盖35个小区共计253栋楼，建筑面积95万平方米，服务户数1.5万余户。业主委员会共成立32家，选举业主委员会成员122人。全市物业管理覆盖率已达楼房90%以上，新建小区物业管理覆盖率达到100%。根河市物业管理应尽量达到国家物业管理标准，将规模较小及分散的单体楼并入相邻的物业管理区域。按照因地制宜、分类实施的原则，采取由专业物业服务企业合同制管理、社区组织管理、业主自治管理、保证基本保洁的准物业服务等多种途径，对改造后的老旧住宅小区的物业进行管理，逐步改善老旧住宅小区的整体面貌，实现物业管理的规范化、标准化运行。

(二)完善供排水及供热工程

给排水及供热工程建设是根河市的基础设施建设,关系到市民的身体健康与生产生活,因此在建设过程中需要根据以往的规划方针不断完善网管建设,推进城镇网管体系建设,不断完善城镇主体功能区建设,重点管制城镇中主要生产基地,严格控制生活用水的安全。

1. 供排水工程建设

根河市供水管理处1997年筹建,于1998年10月正式供水,当时供水水源井1座,主管网14千米,因每年春季受汛期影响停用后,2004年建设的水源井深10米、口径6米,设计日供水能力10千吨,水质符合国家标准。丰水期实际日供水能力8000吨,枯水期实际日供能力5000吨。此水源井位于采石场东侧,附近有197户居民,采石场产生的大量粉尘及居民的生活垃圾都给水质带来隐患,并且随着城市发展,尤其是新增的保障性住房的入住,供水量难以满足全市正常供水需求,单线主管网也存在供水安全隐患。由于以上原因,根河市新建了一座水源井。新水源井位于根河湿地公园西北侧300米处,项目已完工并投入试运行,准备验收,新的用水项目可以保障生产和生活用水安全。为了进一步完善根河市供水系统,根河供水工程建设不但要考虑到供水量,还要考虑到供水水质问题,以及考虑未来城市扩建以及旅游发展给供水带来的压力。还需要准备其他的水源供应或在整体规划中选定其他水源地以供未来水源不足之用。另外城市供水与排水系统应并行发展,供水的同时不应给环境造成过多压力。

根河市排水工程建设是一项长期任务,在排水工程建设过程中要不断加大监测力度,对于排放化学物质超标的企业或区域进行严格控制,提高企业污水排放标准,推广净化水循环利用技术,提高水重复利用率,在制度方面通过河长制对于水环境进行间接管控。

2. 供热工程建设

根河市区集中供热仅有一个热源,即根河光明热电公司。供热总户数23500户,供热总面积188万平方米。现有装机容量50兆瓦,供热管网长度61.965千米。采用低真空循环水直供方式供热,循环水经凝汽器加热后到热源首站热网循环泵送至热力分配站再到热用户,循环水在热用户放热后回到凝汽器,循环加热。由热源首站引出分三个环路分别向市区供热,南线、北线、电业小区线。其中,南线由原内蒙古大兴安岭林业电业局投资建设,始建于2000年,出口管径DN600,同年投入使用,供热面积81万平方米;北线建于2008年建设,出口管径DN700,供热面积91.5万平方米;电业小区线2014年进行改造,热源出口DN400,供热面积15.5万平方米。

现有供热管网采用枝状布置,直接连接方式,管线除跨越潮查河采用高支架外,其余全部干支线均采用直埋敷设,直埋管道主干线采用波纹直埋轴向补偿器进行热补偿。主干线上的分支起始端设置阀门,有条件分支线阀门供水采用闸阀和流量调节阀,回水设闸阀,由分支线至用户前设热力分配站,站内设集分水器、除污器,用户各环路支线由热力分配站集分水器进行分配。根河市冬季较为漫长,供热期较其他地区时间长,供热系统的完善不但要求提高各乡镇供热普及率,同时供热管道的检修与维护系统也要不断完善,可通过加强建筑物的保暖性能来节约部分能源,另外在供热过程中部分乡镇可考虑尝试引进清洁能源如太阳能等对部分建筑进行辅助供暖。

四、城乡景观建设

（一）加强公共绿地、社区绿地、湿地公园建设

目前，根河市城市绿地建设未成体系，市区内可供休憩的绿地不多，居住区绿地没有系统设计。因此，要以"大生态，大绿化，大产业"的发展为理念，以"生态强市""魅力根河"为建设目标，稳步推进"山区绿屏，城市绿景"工程，在市镇建设中逐步建设结构合理、物种多样、功能高效、层次鲜明的绿地系统，发挥绿地在净化空气、保护生物多样性、防灾减灾、健康人居、休闲娱乐等方面的综合功能。

（二）建设各具特色的城镇形态

实施中心镇培育工程，重点建设几个功能齐全、特色鲜明、辐射面广、带动力强的生态文明试点城镇，建成几个凝聚力强、服务功能全、管理水平高、经济繁荣、环境优美、人居舒适的特色城镇。推动城镇建设由形态开发向功能开发转变，更加注重商贸综合、生态休闲、文化活动等功能的优化完善。将市政建设向城镇延伸，切实完善道路绿化、垃圾处理、供水供电、信息网络等公共基础设施建设。

（三）完善旅游标识系统

1. 根河市旅游标识系统存在问题

（1）标识系统缺乏整体性。根河市旅游标识系统的设置范围不全面，没有系统规划布局。乡镇内同类标志牌的材质、造型、色彩等不协调一致，特别是行车导向旅游标识，需要根据国家及地区的相关标准规范进行重新规划，力图实现规范统一。此外，各乡镇目前的行车导向旅游标识系统都各自独立，未能整体统一，乡镇之间也没有相互导向指引。

（2）信息疏密度有偏失。车站、公路沿线、旅游区在不同的场所标识状况有很大差异，过量的标识容易让游客找不到自己想要的信息，而一旦离开车站等中心区域，标识的数量和信息种类又骤减，立即又进入了标识的真空。由于不同机关或者不同管辖单位，各自独立实施标识系统，要矫正信息密度的差异问题，首先要保持信息的连续性，在规划之初应该调查周边标识系统的现状，注意其信息的种类和关键点，巧妙地利用周边原有标识，使得新标识能够完整地融入整个地区的标识大环境。

（3）标识系统缺失地域特色。根河市各镇在设计旅游标识时，特别是设计行人导向旅游标识的时候，未能将当地独有的元素考虑进去，现有行人导向旅游标识基本千篇一律，内容单一，风格陈旧，缺少地域特色，未能彰显各乡镇的文化魅力。应从当地文化特色中汲取精华之处，从材质、颜色、元素、纹样等方面出发，设计出具有鲜明地域特色的行人导向旅游标识系统。

（4）信息表达方式不一致。标识的信息界面一直是设计者感兴趣的主要焦点，目前并没有任何信息表现的标准，每个标识系统都是独立设计的。可采用《公共信息标志用图形

符号国家标准》(GB/T 10001),并且遵循人们的认知习惯、国际惯例,采用人体工学研究的成果等,这是更理性和有依据的设计根本。

(5)标识系统缺乏管理维护。通过对全市旅游标识系统的考察,发现存在不少版面破损、老旧、缺边少角、东倒西歪、被树木遮挡、象征性地补制临时标志牌等现象,使得标志牌的指引导视效果大大缩减,由此说明全市的旅游标识系统缺乏有效的日常管理维护,需要政府相关部门共同合作加以维护改善。

2. 空间布局总体思路

根据根河市公路发展现状和交通发展规划,综合考虑各乡镇旅游景区景点分布现状特点和客源游览流动方向,按照全域旅游发展新思路,以知名景区景点为依托,以根满公路等重点的公路、铁路、镇乡干道为轴线,以具备旅游基础的A级景区景点、特色旅游街区、特色乡镇、旅游绿道驿站、国家森林公园等为景点集群,串点成线,连线成廊,延廊成环,围绕"快进漫游"全域交通体系和"一廊一城五镇五区"生态旅游空间格局,对根河市旅游标识导视系统进行系统布局。

3. 建设目标

梳理根河市区及重点旅游乡镇现有旅游标识导视系统的设置情况,结合根河市旅游产业发展的新趋势与新需求,提出根河市旅游标识导视系统建设的指导思想、基本原则、发展目标、实施步骤和布局方案,全面建立规范化、标准化、特色化、一体化的根河市旅游标识导视系统,满足游客日益增长的旅游公共服务需求,合理引导游客旅游行为,为游客留下地标性印象,将其打造为全国一流的旅游引导标识系统典范,助力根河市全域旅游示范区建设。

4. 行动计划与保障措施

(1)行动计划

一期:2018—2019年。完成根河市4镇1乡、市域和重点景区的旅游交通标识导向系统施工设计及建设工作。

二期:2019—2020年。完善根河市4镇1乡、市域和其他景区的旅游交通标识导向系统施工设计及建设工作。

(2)部门责任划分

金河镇、阿龙山镇、满归镇、敖鲁古雅鄂温克族乡旅游部门负责规划编制、施工设计;确定旅游线路、重要节点、标志牌设立位置等科学规划设计,确保能够落地实施;确立根河市各乡镇旅游线路、重要节点及标志牌设立位置,2019年底,交通部门协助标志牌选点、安装等;并与旅游部门合作,完成选点、安装工作;城管部门协助清理标志牌遮挡物,如违章搭筑物或者其他挂浮物,清除各乡镇所有旅游景区(点)道路交通指引标志牌周围的遮挡物;园林部门修剪遮挡标志牌的树木、树枝。完成各乡镇所有遮挡旅游景区(点)道路交通指引标志牌的树枝修剪。同时,好里堡、得耳布尔、河东、河西、森工办事处旅游相关部门规划编制、施工设计,确定旅游线路提出意见;协助进行标志牌选点、安装等;协助清理标志牌周边遮挡物以及维护保养等。各部门各司其职,相互合作,完成本镇标识系统的规划设计、标志牌定点、清除遮挡等工作(表12-1)。

表12-1　根河市旅游标识系统部门责任划分

乡镇	相关部门	主要职责	完成目标	完成期限
金河镇、阿龙山镇、满归镇、敖鲁古雅鄂温克族乡	旅游部门	负责规划编制、施工设计；确定旅游线路、重要节点、标志牌设立位置等	科学规划设计，确保能够落地实施；确立根河市各乡镇旅游线路、重要节点及标志牌设立位置	2020年底
	交通部门	协助标志牌选点、安装等	与旅游部门合作，完成选点、安装标示牌工作	2020年底
	城管部门	协助清理标志牌遮挡物，如违章搭筑物或者其他挂浮物	清除各乡镇所有旅游景区（点）道路交通指引标志牌周围的遮挡物	2020年底
	园林部门	修剪遮挡标志牌的树木、树枝	完成各乡镇所有遮挡旅游景区（点）道路交通指引标志牌的树枝修剪	2020年底
好里堡、得耳布尔、河东、河西、森工办事处	旅游相关部门	规划编制、施工设计，确定旅游线路提出意见；协助进行标志牌选点、安装等；协助清理标志牌周边遮挡物以及维护保养等	各部门各司其职，相互合作，完成本镇标识系统的规划设计、标志牌定点、清除遮挡等工作	2020年底

五、创建生态文明建设示范乡镇

（一）打造市景一体的景观格局

依托根河市的自然风貌景观，着力构建"一廊五区"的总体景观格局：一廊为根河—满归冷极生态景观旅游廊道；五区分别为人文风情休闲旅游区、地貌奇观旅游区、冷极深度体验生态旅游区、山岳探秘朝圣生态旅游区和森林度假养生旅游区。

在城市建设过程中，每一处功能建筑和景观建筑都成为旅游要素，将城市作为旅游区打造，充分彰显城市观赏效应、集聚效应、辐射效应，完善城市的吃、住、行、游、购、娱功能，推进城市与景区生态文化、自然景观、功能设施无缝对接，融为一体。在根河市区，以公园、街心广场、重点街道改造等为重点，突出各乡镇品牌景观雕塑，提升现有绿地景观效果，规范整体建筑风貌。全力打造"非遗小镇——敖鲁古雅民族乡""绿色矿山小镇——得耳布尔""冷极小镇——金河镇""松果小镇——阿龙山镇""红豆小镇——满归镇"。积极推进城市功能整合和人口集聚，提升公交、旅游、绿化等基础设施一体化水平，发展"长线串珠"式的新型城镇体系。各乡镇建设中融入体现本乡镇特色的元素（如满归镇的红豆广场），形成"一镇一品""一镇一景"的特色景观风貌。重点营建农作物、花卉、中草药和林果为特色的景观色块；完善主要公路沿线的观景平台，强化服务设施建设，形成多处山野田园观赏点。

（二）加快乡镇旅游体系建设

以根河市、满归镇、阿龙山镇等为重点，加快推进乡镇旅游体系建设。

以"一个一级核心、一个主轴、多个旅游区"为发展模式，着力打造综合产业发展城镇。

一个核心区——根河市区。按照功能合理、环境优美、绿色低碳、交通便捷、公共服务设施完善的标准，建设宜居城市，打造区域现代综合服务核心区。

一个主轴——根河至满归为主轴，着力打造周边重点乡镇，逐步实现功能区域化、区域特色化。

多个旅游区——人文风情休闲旅游区、地貌奇观旅游区、冷极深度体验生态旅游区、山岳探秘朝圣生态旅游区和森林度假养生旅游区。

（三）创建生态文明示范乡镇

1. 全力打造红豆小镇

满归镇位于大兴安岭西坡，距根河204千米，北与漠河相连，距漠河130千米。镇区5.46平方千米，地势平坦开阔，属于寒温带原始森林气候。孟库伊河和激流河自南向北穿境而过。满归镇是一个纯林业小镇，森林覆盖率为95%，主要生长落叶松、樟子松和白桦；森林中野生动物丰富，辖区内有较多的野生药材和锰矿；全镇共8575人，林业人口85%以上，有一家加工企业。满归有一条铁路和一条公路通往海拉尔。正在筹建的满归机场（通用机场）运营20～30座的支线飞机，主要用于防火和旅游。

满归镇独特的资源环境为满归镇发展经济产业打造了良好基础。满归镇目前有两家企业，一家水厂（昊疆冰泉），为北京航天航空大学提供矿泉水，另一家为红豆、蓝莓酒酿造企业，生产高端蓝莓白兰地、红豆酒，年产量超过200吨。满归镇林业资源丰富，主要出产红豆和蓝莓，可用于酿酒、饮料、果酱、果干加工，其渣滓可做醋。满归将进一步深挖红豆的健康价值，延长红豆产业链，依托伊克萨玛等特色旅游资源，启动红豆健康疗养院、红豆休闲园等项目，提高红豆产品附加值，将满归打造成为"红豆小镇。"

2. 努力建设松果小镇

阿龙山镇面积2648平方千米，其中镇区面积7.62平方千米；全镇16000多人，其中常住人口12000余人，80%都是林业职工。阿龙山镇有"三山两化一条河"等旅游资源，即奥克里堆山、蛙鸣山和鹿鸣山；岩画、游猎民族的历史文化（6个原始部落生活方式），以及贝尔斯河。

阿龙山境内有较为丰富的西伯利亚红松和黑木耳资源，西伯利亚红松目前数量为5万多棵，预计扩大种植后数量可达10～15万棵。西伯利亚红松生长周期短，10～15年即可结果。黑木耳目前主要为散户种植，年产量最大可达250万担。政府将进一步扩大西伯利亚红松的种植规模，提高木材和松果产量，延长产业链，通过旅游业带动红松产业的发展，将阿龙山打造成为"松果小镇"。

3. 计划启动绿色矿山小镇

得耳布尔镇辖区总面积为2462.84平方千米，其中城镇面积66平方千米，总人口16637人，其中常住人口为12387人。得耳布尔在根河市经济发展中起到举足轻重的作用，矿业开采在带来地方经济繁荣的同时，也存在一定的生态问题，需要寻找替代产业。得耳布尔境内共有呼伦贝尔山金矿业、森鑫矿业、比利亚矿业三家矿产企业，三家企业采矿工人合约1000人，吸纳当地劳力400人左右，后勤等普通职工工资约4000元/月，井下工人工资约10000元/月，三家企业日处理矿石可达8000吨。因受气候、水源、林业防火期限制，每年选厂生产期约为7个月。近两年铅锌矿产品价格上涨，企业生产积极性较高，生产量达到了历史高点。目前，得耳布尔的矿产开发已实现了水循环利用，矿区还修建了防渗透的尾矿库，不会造成地下水污染；矿区占地不大，对林地破坏较小。

得耳布尔将于2020年健全矿业产业链，工作重点将围绕绿色矿山展开，即对矿山开展绿化工程，启动绿色矿山生态园区项目。依托神鹿园、卡鲁奔国家湿地公园等旅游资源，以及绿色矿山资源，扶持发展替代产业——矿山旅游业，将得耳布尔打造成为"绿色矿山小镇"。

4. 传承保护敖鲁古雅鄂温克族乡非遗小镇

敖鲁古雅鄂温克族乡行政面积共1767平方千米，2003年从满归原址搬迁至根河市附近；原以狩猎为生，2003年开始为守护生态放弃狩猎，乡镇经济从狩猎向旅游业转化。全乡共有1400多人，其中有380多人为鄂温克族，为大兴安岭原住民，已有400多年的居住历史。

敖鲁古雅鄂温克族乡共有3项国家级非物质文化遗产，传承人2人；省级非物质文化遗产16项，传承人10人。敖鲁古雅鄂温克族乡已获得中国传统部落、中国特色旅游景观名镇、中国少数民族特色村寨、第一批自治区级生态文化保护区等称号。敖鲁古雅鄂温克族乡2008年加入了国际驯鹿养殖者大会，2013年举办了第五届"人—驯鹿——可持续发展"世界驯鹿者养殖者大会。

为了更好地保护和传承独特的敖鲁古雅非物质文化遗产，根河市将启动敖鲁古雅传统驯鹿习俗展演中心、非遗文化传承研究中心等项目，扩建敖鲁古雅鄂温克族乡博物馆，深度挖掘敖鲁古雅使鹿文化、游牧文化、桦树皮文化，提升敖鲁古雅使鹿部落景区，将敖鲁古雅鄂温克族乡打造成为"非遗小镇"。

5. 积极开发金河冷极小镇

金河镇处于大兴安岭西坡，总面积5353平方千米，镇区面积4.02平方千米，总人口11152人，常住人口共4478户。金河镇距根河市区84千米，距莫尔道嘎镇71千米，距满归镇120km。金河镇经济主要依靠林业企业、旅游业和特色养殖业，其中，特色养殖动物主要有北极狐和野猪。

金河镇是"中国冷极"品牌的发源地，冷极村距离金河镇区30千米，基础设施状况较好，年接待量约10万人次。金河镇将凭借着其独特的冷极资源（零下58℃的极地气候特征），进一步加大冷极特色餐饮、民宿、游乐场等设施建设，建设民俗活动展示基地、圣诞广场等，丰富冷极元素，加大宣传力度，将金河打造成为"冷极小镇"。

六、加快设施生态化

（一）选用环保建筑材料

根河市冬季较为漫长，取暖期时间较长，建筑材料的选取应尽量满足保暖、环保。建筑黏合剂、磷石膏建筑产品、人造木质板材、建筑用塑料管材管件等装修材料应尽量选择污染少环保型材料。建议成立绿色建材协调领导小组，进行综合协调指导，借鉴国外的经验，引导绿色建材健康发展。科学研究与产品开发工作是推动绿色建材发展的重要原动力，应给予足够的重视，增大投资力度，促进其更快更好发展。

（二）垃圾分类

根河市目前垃圾处理不够完善，部分垃圾转运场地属于临时占用林地。随着根河"驯鹿之乡，中国冷极"品牌效益的不断提升，生态旅游业将逐渐成为根河战略性支柱型产业，游客生活垃圾的处理将成为亟待解决的问题之一，实行垃圾分类是有效可行的一种科学管理方法。应增建垃圾处理中心，实行垃圾分类处理。将石油产品如塑料制品单独分离出来，对于非可再生性垃圾采取原地填埋或者统一处理，而对于可再生资源采取回收或用作燃料生产等方式进行再利用。

目前，根河市垃圾处理多采用卫生填埋甚至简易填埋的方式，但是废弃的电池含有金属汞、镉等有毒的物质，会对人类产生严重的危害；抛弃的废塑料被动物误食，会导致动物死亡。因此，从环境保护角度出发，应不断加大垃圾分类的细化程度。另外，对于废弃的垃圾应当采用先部分回收利用的方式，垃圾当中的木材、可燃物、难以降解的石油及塑料制品可以转化成工业燃料，金属物质可集中回收利用。这样，在垃圾回收中一方面进行分类，一方面发展循环经济。

（三）新能源的利用

在生态文明建设中，应当尽量使用太阳能、风能等新能源。太阳能的主要利用形式有太阳能的光热转换、光电转换以及光化学转换。利用太阳能的方法主要是太阳能电池，通过光电转换把太阳光中包含的能量转化为电能。根河市大气通透度较高，市区冬季较为漫长，应充分利用太阳能发电和取暖，在市政工程建设中路灯和景观灯尽量选择太阳能作为能源。这样既能保证市民的生产生活又能节省常规能源。除此之外，在根河市生态建设过程中也要考虑水能和风能的利用，夏季在河流流动的场所水能资源较为丰富，呼伦贝尔地区地域辽阔风能资源也可以作为一项能源补给。太阳能、水能、风能都是根河市目前能源开发的重要补充能源，尤其太阳能应用是根河市能源发展的主要趋势，应大力推广。

七、践行绿色生活方式

（一）试行绿色建筑

绿色建筑指在建筑的全寿命周期内，最大限度地节约资源，包括节能、节地、节水、节材等，保护环境和减少污染，为人们提供健康、舒适和高效的使用空间。绿色建筑技术注重低耗、高效、经济、环保、集成与优化，是人与自然、现在与未来之间的利益共享，是可持续发展的建设手段。

首先，重视老旧小区的改造，根河市地处寒冷地带，供热期漫长，老旧小区改造中注意太阳能光电、光热一体化，充分利用可再生资源进行能源应用。在建设改造中注意外墙、屋顶、窗户的材料尽可能使用环保材料。积极进行小区面貌改善，增加小区内部的绿地和便民服务设施，应充分利用小区边角废弃地，可将其建设为居住绿地，对小区垃圾进行便捷化处理。

其次，新小区建设更需要一步到位，应实施绿色环保建筑施工。建设过程中应执行《民用建筑节能条例》《绿色建筑技术导则》《低碳住宅与社区应用技术导则》等标准，从设计、施工、监督到验收实施一系列的低碳监管。建立便民垃圾回收站，社区绿化力争达到高效益、低维护的水平，实现绿地和小区绿化节水、降噪、吸尘、遮阴等完整功能一体化。居民节水方面推广节水龙头及低容量抽水马桶等。

（二）普及绿色交通

绿色交通的首要目的是减轻交通拥挤、降低环境污染，具体体现在以下几个方面：减少个人机动车辆的使用，尤其是减少高污染车辆的使用；提倡步行，提倡使用自行车与公共交通；提倡使用清洁干净的燃料和车辆等。

城市交通系统归根到底是为人服务的，不仅应满足居民出行的基本需求，而且应当满足居民出行的方式选择需求，并且能把出行的环境影响减小到最低程度。良好的道路交通系统必须高效、安全、舒适、便捷、准时，它不以牺牲出行的"质"来满足出行的"量"。

根河市城市交通必须协调好以下关系，一是城市道路交通与土地使用质量之间的关系；二是交通与环境之间的关系，控制汽车尾气及噪音污染，改善人们生活质量；三是交通供需平衡关系，优化居民出行方式结构；四是协调动态、静态交通的关系，解决停车难问题；五是市内交通与市外交通的关系，使其相互衔接，合理发展。城市交通是经济发展的基础和前提条件，改善城市交通不仅仅意味着"道路拓宽""道路网络容量增大"或"新建道路"，更重要的是城市交通对城市环境的改善。

（三）推行绿色消费

大力推广绿色消费，绿色消费不仅包括绿色产品，还包括物资的回收利用、能源的有效使用、对生存环境和物种的保护等，涵盖生产行为、消费行为的方方面面。绿色消费是一种以适度节制消费、避免或减少对环境的破坏、崇尚自然和保护生态等为特征的新型消费行为和过程。

根河市在进行旅游建设过程中应将绿色消费观念深植于市民心中，首先是在消费中选择未被污染或有助于公众健康的绿色产品，二是在崇尚自然、追求健康，追求生活舒适的同时，注重环保，节约资源和能源，实现可持续消费。另外在消费过程中，注重对垃圾的处置，不造成环境污染。

第十三章
构筑生态文明制度体系

生态文明制度体系包含了诸多具体的规则、程序和规范,它们将为生态文明核心制度的有效运转提供支撑,为提升生态环境治理能力提供有效的制度保障(陈硕,2019)。坚持和完善生态文明制度建设,是将生态文明的制度优势转化为治理效能的重要前提(穆虹,2019)。要实现生态文明建设的整体性、系统性,必须立足于现代化治理,从源头保护、过程严管、后果严惩等制度层面不断完善和改进。

一、源头保护制度

所谓源头保护制度,即在源头上防止损害生态环境的行为,包括建立生态文明决策机制、生态红线严控、健全自然资源资产产权制度和用途管制等若干制度。

(一)建立生态文明决策机制

首先,在根河市生态制度体系建设中要打造相关的生态文明建设决策机构,在重大事项和项目的决策过程中,提前考虑环境影响及生态效应,搞好顶层设计合整体部署。设立生态文明建设委员会,成员由相关部门领导及专业技术人员组成,负责全市生态环境的统筹规划、环境治理、生态保护等生态文明建设与管理工作。委员会下设生态空间、生态经济、生态环境、生态人居、生态文化、生态制度等建设小组及考核监督组,建立区域及部门间互动机制。严格审批制度,对涉及保护区范围内的项目审批、规划或界限调整,制定更加严格的审批制度和措施,建立各相关职能部门联合审查制度,探索实行一票否决制。

其次,要组建生态文明专家咨询顾问委员会,建立健全专家咨询机制,聘请在环境保护和生态文明建设领域有杰出贡献和突出成绩的专家、学者共同组建"根河市生态文明建设咨询委员会",围绕生态文明建设工作和决策需求,开展生态文明重大决策、重大方针政策、重要改革方案、重要规章及重要文件咨询与评估,组织重大项目建议书、可行性研究报告、环评报告评估论证。针对经济社会发展、生态文明建设重大难点、热点问题,开展深入调查和研究,向生态文明建设委员会提出咨询建议。

再次,要完善公众参与制度,充分发挥民主决策。完善深入了解民情、充分反映民意、广泛集中民智、切实珍惜民力的决策机制,推进决策科学化民主化。研究制定《生态文明建设公众参与办法》等条例,主要包含政府及企业环保信息公开公告制度,环保决策、会议的听证会制度和专家协助公众参与制度等内容,推进公众参与规范化、科学化、法制化,积极鼓励市民和社会各界人士参与生态文明建设。对生态文明重大决策、重大改革方案、重大项目开展公众评议,完善决策公示和听证制度,广泛听取社会各界意见,扩大市民群众参与度。对生态环境违法行为进行监督,定期开展民生调查、环保投诉普查,听取群众改革建议。

(二)建立生态红线管控制度

设立生态红线是生态环境保护的制度创新,对于维护可持续发展意义重大,对于维护区域生态安全也同样有着重要作用。

根河市生态红线管控范围主要包括:水源保护、风景名胜区、湿地保护区、集中成片的林业保护区、原始森林及郊区公园、生态廊道,以及坡地、湿地等生态脆弱地区。根河市应建立以国土空间用途管制为核心的生态红线保护制度,强化生态红线的约束作用,重点完善生态红线落实与执行机制。落实主体功能区规划,在市域范围内建立不同功能区差别化环境管理机制。调整按行政区和用地基数分配用地指标的做法,将土地开发强度指标分解到各功能区,严格控制其建设用地规模总量。对林地、河流、湖泊、湿地等自然生态空间实行用途管制,严格控制转为建设用地。加强对自然保护区、风景名胜区、文化遗产、森林公园等重要生态系统、生物物种及遗传资源的有效保护。

(三)建立自然资产产权管理和用途管制制度

自然资源的用途管制制度是国家对国土空间内的自然资源按生活空间、生产空间、生态空间等用途或功能进行监管,一定国土空间内的自然资源无论所有者是谁,都要按照用途管制规则进行开发,不能随意更改用途,如生态公益林、自然保护区等。健全自然资源资产产权制度和用途管制制度,要对水流、森林、山岭草原、荒地等自然生态空间进行统一确权登记。力争打造权属清晰、归属明确的资产产权制度。

对根河市管辖区域内的水流、森林、山岭、荒地、湿地等自然生态空间进行统一确权登记,逐步建立不动产登记信息管理平台,实现不动产审批、交易和登记信息跨部门互通共享,明确自然资源资产所有者、监管者及其相应责任。通过建立根河市空间规划体系,明确根河市各类生态空间开发、利用、保护边界,实现能源、水资源、矿产资源按质量分级、梯级利用,落实各类自然资源资产的用途管制制度。严格进行节能评估审查及水资源论证和取水许可制度。坚持并完善较为严格的林地保护和节约用地制度,强化土地利用总体规划和年度计划管控,加强土地用途转用许可管理。完善矿产资源规划制度,强化矿产开发准入管理(如得耳布尔镇相关矿产资源的开发与生产)。有序推进国家自然资源资产管理体制改革，健全自然资源资产管理体制，统一行使全民所有自然资源资产所有者职责。完善自然资源监管体制，统一行使所有国土空间用途管制职责。

（四）建立环境影响评价制度

建立环境影响评价制度，在进行有潜在环境影响的工程建设、规划以及活动之前对其可能产生的环境影响进行调查、预测和评价，提出防止环境污染和破坏的对策，制定相应的方案。环境影响评价主要包括建设方案的具体内容、建设地点的环境本底状况、方案实施后对自然环境（包括自然资源）和社会环境产生的影响，以及防止环境污染和破坏的措施和经济技术可行性论证意见。

在根河市生态环境建设中，要严格开展规划环境影响评价，将其作为规划编制、审批、实施的重要依据。完善规划环境影响评价会商机制。以产业规划环境影响评价为工作重点，推进空间和环境准入的清单管理，探索产业建设项目环评审批管理改革。强化项目环评与规划环评联动，建设环评审批信息联网系统。将空间管制、总量管控和环境准入等要求转化为区域开发和保护的刚性约束。严格规划环评责任追究，加强对市政府及相关部门规划环评工作的监督。完善建设项目全过程管理制度，依法履行环评审批程序，健全建设项目区域环评机构信用评价、环境监理、现场巡查等制度。完善新建项目审批与污染减排相衔接的管理模式，促进生产及生活污染物减排工作顺利展开。明确界定环评各方责任，加大对违法违规及乱排污现象的处罚力度。

（五）落实污染物排放总量控制制度

污染物排放总量控制（简称为总量控制），是指将某一区域作为完整的系统，采取相应的措施将排入这一区域内污染物的总量控制在一定数量，以满足该区域的环境质量要求。总量控制是一种环境管理思想，亦是一种管理手段。总量控制制度专业性较强，技术性较高，既要有原则还需要相应的实施细则，并且需要其他制度的配合与补充。燃煤总量控制、用水量控制、环境影响评价制度、排污许可证制度、排污收费制度等，都能支持总量控制制度的有效实施，从目前来看，这些制度并未很好地与总量控制制度相结合。

根河市在污染物排放总量上应制定主要污染物排放总量控制目标，并将指标逐级分解下达到各乡镇及相关部门和企业。在生产过程中逐步推进建设项目污染物排放总量指标的审核。进一步完善排污许可证管理制度，统筹考虑水污染物、大气污染物、固体废弃物等要素，基本形成以排污许可制度为核心，有效衔接环境影响评价、污染物排放标准、总量控制、排污权交易、排污收费等环境管理制度的"一证式"固定源排污管理体系。尽快在全市范围内实行统一公平、覆盖所有固定污染源的企业排污许可证，依法核发排污许可证，排污者必须持证排污，禁止无证排污或不按规定排污。

开展根河市域内的资源环境承载能力现状调查，探索建立一套系统、完整、规范的资源环境承载力综合评价指标体系，合理确定根河市人口规模、产业规模、建设用地供应量、资源开采量、能源消费总量和污物排放总量。在区域范围内的敏感区、敏感点布设主要污染物监测站点，建立资源环境承载力动态数据库和预警响应系统，对水资源、环境容量、土地资源超载区要调整发展规划和产业结构，实行限制性措施。

二、过程严管制度

（一）推进自然资源资产有偿使用

资源的有偿使用制度，是指国家以资源所有者和管理者的双重身份向使用资源的单位和个人收取资源使用费的制度。资源有偿使用的基本原则是整体规划、分类实施，政府主导、市场运行，试点先行、优化配置，总量控制、逐步放量。

根河市自然资源有偿使用制度应按国务院印发的《关于全民所有自然资源资产有偿使用制度改革的指导意见》执行，在近期基本建立产权明晰、权能丰富、规则完善、监管有效、权益落实的全民所有自然资源资产有偿使用制度。针对本市域内的林木、土地、水源、矿产等资源，分别提出建立完善有偿使用制度的重点任务。首先是完善国有土地资源有偿使用制度，以扩大范围、扩权赋能为主线，将有偿使用扩大到公共服务领域和国有土地。其次是完善水资源有偿使用制度，健全水资源费差别化征收标准和管理制度。合理制定城市供水价格，全面实行非居民用水超计划、超定额累进加价制度，全面推行城市居民用水阶梯价格制度，严格水资源费征收管理，确保应收尽收。再次是完善矿产资源有偿使用制度，完善矿业权有偿出让、矿业权有偿占有和矿产资源税费制度，健全矿业权分级分类出让制度。最后是建立国有森林资源有偿使用制度，严格执行森林资源保护政策，规范国有森林资源有偿使用和流转，确定有偿使用的范围、期限、条件、程序和方式，通过租赁、特许经营等方式发展森林旅游。

（二）健全生态环境保护和治理体系

首先，建立污染防治区域联动机制。加强呼伦贝尔地区与根河相连的城市区域间的水环境功能区划协调，共同确定跨市级行政区重要河流交界的水质控制断面和标准，建立跨行政区交界断面水质达标交接管理机制，制定跨市级行政区河流突发性水污染事故应急预案，逐步建立水环境安全保障和预警机制。开展根河城市群水体污染物排放量协调合作，合理确定各地污染物排放量。建立根河市空气、水体质量自动监测数据中心和监控中心。

其次，建立生态系统保护修复机制。加强自然保护区建设与管理，对重要生态系统和物种资源实施强制性保护。探索整合设立国家公园，保护自然生态和自然文化遗产原真性、完整性。研究建立河流、湖泊生态水量保障机制，维持自然水体生态需水量。加快灾害调查评价、监测预警、防治和应急等防灾减灾体系建设。实施生物多样性保护，建立监测评估与预警体系，健全区域生物安全查验机制，有效防范物种资源丧失和外来物种入侵。制定矿山、重污染地修复治理机制，完善修复治理细则，做好受损农地再利用、废弃矿井资源再开发、合理开发和保护未利用废弃地、地质灾害防治、生态景观建设等相关工作。出台推行环境污染第三方治理实施方案，变"谁污染谁治理"为"谁污染谁付费"，吸引社会资本投入，推行排污者付费和第三方治理新机制。

再次，全面深入推行河长制。按照国务院印发的《关于全面推行河长制的意见》，出台根河市全面实行河长制管理工作方案。设立总河长领导下河长管理体系，市委书记、市长担任总河长，总牵头管理全市河长制工作，统筹协调工作推进中的重大问题。市委、市政府有关领导分别担任其他流域的市级河长。市级河长作为流域内河长制管理工作的第一责任人，重点行使统筹协调、督促检查、监督考核职能。建立河长会议制度、信息共享制度、工作督察制度，协调解决河湖管理保护的重点难点问题，定期通报河湖管理保护情况，对河长制实施情况和河长履职情况进行督察。各级河长制办公室要加强组织协调，督促相关部门单位按照职责分工，落实责任，密切配合，协调联动，共同推进河湖管理保护工作。

（三）落实资源总量管理和全面节约制度

首先，完善土地集约利用制度。健全根河市城乡建设用地总量控制和用途管制机制，完善土地储备规划和控制性红线管理制度，建立差别化土地供应制度。完善土地公开出让、协议出让和临时用地管理制度。完善产业用地准入评价标准和指标体系，提高工业用地开发强度。全面实行土地开发利用动态监管，建立节约集约用地评价标准。完善基本林地保护制度，划定永久基本林地红线，按照面积不减少、质量不下降、用途不改变的要求，实行严格保护，除法律规定的国家重点建设项目选址确实无法避让外，其他任何建设不得占用。加强林地质量等级评定与监测，强化林地质量保护与提升建设。完善林地占补平衡制度，对新增建设用地占用林地规模实行总量控制。

其次，落实水资源管理制度。落实最严格水资源管理制度，严守水资源开发利用控制、用水效率控制、水功能区限制纳污三条红线。制定《根河市城市供水用水条例》和《根河市城市计划用水管理办法》等条例，加快出台建设项目节水管理办法、再生水利用管理办法。建立健全节约集约用水机制，促进水资源使用结构调整和优化配置。完善规划和建设项目水资源论证制度、高耗水工业企业计划用水和定额管理制度。建立主要江河、重要湖库、重要饮用水源地水环境管理基础信息系统、污染源综合管理信息系统、环境立体监测系统、环境污染预警应急系统，加大"依法治水，依法节水"力度。加强水产品产地保护和环境修复，控制水产养殖，构建水生动植物保护机制。

再次，建立能源消费双控制度。制定能源消费双控管理办法，严格煤炭消费总量控制，完善清洁能源推广机制。健全能源计量管理体系，全面开展能源计量监督检查。探索建立"领跑者"制度，健全合同能源管理制度。建立重点用能单位能耗监测制度，建立全市统一的在线能耗监测平台。建立能源计量台账管理，推动用能单位能源管理中心示范建设。参照国家节能标准体系，及时更新用能产品能效、高耗能行业能耗限额、建筑物能效等标准。合理确定全市能源消费总量目标，并分解落实到重点用能单位。健全节能低碳产品和技术装备推广机制，定期发布技术目录。强化节能评估审查和节能监察。加强政府对可再生能源发展的扶持，逐步降低化石能源的比例。

最后，建立湿地、岸线资源保护制度及资源循环利用制度。编制《根河市湿地保护总体规划》，将所有湿地纳入保护范围，确定各类湿地功能，规范保护利用行为，禁止擅自征用占用，建立湿地生态修复机制。出台《根河湿地资源保护办法》，严禁占用自然江湖、河流岸线。实行生产者责任延伸制度，推动生产者落实废弃产品回收处理等责任。加强资源再生高效利用，发展资源再生产业和再制造产业，推进尾矿资源综合利用，推进废金属综合利用产业基地建设。限制一次性用品使用及过度包装，加快建立垃圾分类、回收、运输、处理管理体系。积极发展循环经济。制定《再生资源回收目录》，回收利用废玻璃、废木材、废布料、废塑料等低值废弃物，落实并完善资源综合利用和促进循环经济发展的税收政策。

（四）健全企业监管及公众参与机制

构建根河市重点企业生态责任考核评价体系，从环保法律法规执行情况、环保体系建设、环保设施运行管理、总量控制指标、清洁生产、节能等多方面构建重点企业目标责任考核办法，明确企业的生态文明建设年度责任目标，编制和发布《企业生态责任报告》。明确公众参与环保的权利和义务，使公民真正参与到与自己利害相关的生态文明建设事务中来，表达自己的利益诉求，并对行政权力起到良好的监督及制衡作用。制定公众参与生态文明建设工作相应的奖励制度，安排专项资金，设立生态文明建设奖项，对积极参与生态文明建设工作的个人或单位给予公开表扬或授予荣誉称号。建立生态文明建设决策咨询、听证制度，拓展公众参与渠道，保障公众知情权、参与权和监督权。构建职责清晰、协同监管、社会共治的监管模式。建立以信用监管为核心的新型监管模式，形成各部门相互协调、密切合作，各行业协会积极配合，市场主体自我约束的社会共治格局，实现职责清晰、无缝衔接的监管目标。在建设项目审批上实行先公示、后审批和审批时请群众代表参与的制度，对一些建设项目，特别是一些污染较大和环境敏感的项目，在项目的立项、环评和验收阶段都邀请群众代表参与，听取群众意见，形成环保部门、企业、公众"三位一体"把关机制，让老百姓真正参与到生态文明建设工作中来。

（五）严格环境保护执法监管

按照国务院发布的《关于省以下环保机构监测监察执法垂直管理制度改革试点工作的指导意见》的要求，规划期内将实行环保机构监测监察垂直管理制度，增强环境执法的统一性、有效性、权威性。有序整合不同领域、不同部门、不同层级的执法力量，加强环境保护、能源监察、安全生产等重点领域基层执法力量，建立权责统一、权威高效的生态文明行政执法体制。加强部门协作，完善环保、住建、能源、林业、国土、水务、农业等部门多方联动执法机制。落实执法责任制度，强化对执法主体的监督。依法保障环境卫生等公共设施的规划、建设和正常运行，加大对污染环境、侵占资源、破坏生态等违法行为的查处力度，大幅度提高违法成本。

完善生态环境案件联合调查、信息共享等联动机制，健全完善行政执法与刑事司法衔接机制，形成"刑责治污"的合力。持续推进环境司法专门化机构和相关制度建设，加强环境资源审判工作，推进案件及时受理、审理、执行。对造成生态环境损害的责任者严格实行赔偿制度，依法追究民事、行政、刑事责任。鼓励、引导有关社会组织依法提起环境公益诉讼，维护社会公共利益。

三、后果严惩制度

生态文明建设在进行中会遇到各种问题和障碍，因此在明晰权责之后，对于未能履行职责，或在行动进行中出现问题的相关人员要进行相应的责任追究。建立健全生态环境保护工作的责任制，实行环境质量行政首长负责制。制定任期内环境保护目标和年度实施计划，并将根河市环境污染防治的指标及相关责任纳入到相关工作人员及相关部门的领导干部以及企事业单位法人的考核当中。

（一）建立生态文明建设评价考核机制

贯彻落实生态文明建设目标评价考核办法，按照"实考、考实"要求建立生态文明建设的目标体系、考核办法、奖惩机制，把资源消耗、环境损害、生态效益纳入地方各级政府经济社会发展评价体系，对不同区域主体功能定位实行差异化绩效评价考核。在生态功能突出的区域加大生态建设指标权重，减少经济发展指标的考核。强化目标责任，突出对重大决策、规划环评、环境信息公开、环境污染公共监测等政府责任的考核力度。引导各级领导干部树立经济、社会、生态环境可持续发展的政绩观，生态文明建设工作占党政实绩考核的比例不低于20%。

（二）对领导干部实行自然资源资产离任审计

加强经济责任审计与自然资源资产审计的协同配合，积极探索领导干部自然资源资产离任审计的目标、内容、方法和指标体系。离任审计工作应当坚持依法审计、问题导向原则，客观求实、科学评价原则，鼓励创新、推动改革原则，齐抓共管、统筹推进原则，党政同责、同责同审原则，独立开展与协调实施并重的原则。重点关注领导干部任职期间对自然资源开发利用及管理、生态环境保护政策法规贯彻落实、资金管理使用及与资源环境相关项目建设运营等情况，客观评价领导干部履行自然资源资产管理责任，依法界定领导干部应当承担的责任，强化审计发现问题落实整改。

1. 离任审计目标

领导干部自然资源资产离任审计审的是地方党政主要领导在自然资源资产管理和生态环境保护方面的责任，目的在于引导和推动领导干部在生态文明建设方面守法、守纪、守规、尽责，加强离任追责，从制度上、管理上、源头上有效遏制住破坏生态环境的势头，督促领导干部切实履行自然资源资产管理和生态环境保护责任，揭示并推动解决该领域中的突出问题。

2. 离任审计内容

离任审计过程中应结合当地资源环境禀赋特点和地方特色选取重点方面因地制宜进行审计，摸清被审计领导干部任期内所在地区主要自然资源资产实物量和生态环境质量状况变化情况，揭示资源环境领域存在的重大违法、违纪、违规问题，重点查处土地、矿产、森林等国有资源出让、使用、管理过程中的问题；重点查处存在重大安全隐患，破坏生态环境，造成环境污染等危害公众利益的问题。

3. 离任审计方法

在现行的经济责任领导体制下，成立专门领导干部自然资源资产离任审计工作小组，建立健全联席会议制度，统筹协调各方面的工作；构建自然资源资产大数据平台，形成标准统一的数据共享，进一步探索大数据审计模式，规范整合各种自然资源资产数据。积极引进各部门专业检测技术手段，坚持用数据说话，聘请资源环境、法律和工程技术等方面的相关专家参加审计，提高审计的技术含量。建立信息通报机制，完善日常沟通平台，加强各成员单位信息互通和成果共享共用。

4. 离任审计指标体系

离任审计指标体系可以利用借鉴组织、环保、国土、水利等业务部门对乡镇的考核结果，参考纪检、人事等部门的处理处罚结果，利用领导干部经济责任审计、土地审计、专项资金审计调查等审计结果，以相关省份市域进行领导离任审计的指标体系为参考，以达到资源和成果共享共用，确保审计结果专业、准确、权威。根河市资源种类较为繁多，主要资源为森林资源、水资源、矿产资源等，因此，本研究以根河市森林资源为依据构建评价指标体系，具体见表13-1。表中内容主要参考内蒙古自治区审计厅、内蒙古自治区审计学会所编《领导干部自然资源资产离任审计理论与实践初探》，具体实施内容及相关法律指标详见此书及相关领导干部离任审计的书籍与资料。

表13-1 领导干部森林资产离任审计评价指标

审计内容	评价标准	审计事项	被审计单位或相关单位	所需资料	审计评价具体内容
政策制定与执行	注重分析执行时效性、完整性、准确性，要求政策制定与执行健全、规范、有效	目标责任制落实	党委办、政府办、组织部、林业部门等	与上级部门签订的目标责任状	核实目标责任制各项任务完成情况的真实性，分析任务未完成的主要原因，重点核实林地保有量、森林覆盖率、森林蓄积量、自然湿地保护率、造林任务完成率、采伐限额、森林火灾受害率、林业有害生物成灾率、治理和保护恢复植被的沙化土地面积等主要指标的完成情况
		制度执行与建设	党委办、政府办、发改委、林业部门等	当地制定的计划、规划、方案	梳理地方党委、政府研究制定的区域经济社会发展战略规划、指导思想、总体发展思路、政策措施等。重点检查和评价地方政策是否与国家法律、法规、政策相一致，是否与本区域经济社会发展的实际情况相适应，是否是按照国家和自治区的相关要求及时出台贯彻落实的制度和措施；组织实施的进度和目标任务的分解是否合理明确；是否对规划执行情况进行检查；有关政策措施是否得到有效执行，预期目标是否实现
		监督考核	党委办、政府办、发改委、林业主管部门等	地区的监督考核机制	查看当地是否将森林资源资产开发、利用、管理和森林环境保护的工作纳入绩效考核目标责任制并组织开展考核和依据考核结果进行问责
		决策事项	党委办、政府办、发改委、林业主管部门等	森林资源相关的重大事项批准和立项等	党委和政府年度工作总结、报告、印发的有关文件，以及党委和政府有关会议记录纪要、文件批办单、收发文登记被审计领导干部所作的批示和指示等资料，重点关注重大决策程序是否合规、内容是否合法，具体决策事项的落实是否是对森林资源资产开发、利用、管理和森林环境保护造成负面影响，是否造成重大森林资源资产损失及森林环境污染等问题
		数据档案	林业主管部门、农业主管部门、统计部门、土地部门等	森林资源基本数据的来源和管理	是否能够提供森林资源资产的存量结构和资产总体规模及变化情况的基本数据，数据档案管理是否规范，部门之间的相关数据是否一致

（续）

审计内容	评价标准	审计事项	被审计单位或相关单位	所需资料	审计评价具体内容
政策制定与执行	注重分析执行时效性、完整性、准确性，要求政策制定与执行健全、规范、有效	审批管理	林业主管部门等	森林资源资产开发利用管理和森林环境保护方面的权力清单	重点关注林业采伐限额、林业生产计划、征占用林地、林木采伐证等审批管理事项，审查是否依法依规组织审批，有无越权审批等问题
		监管执法	信访部门、森林公安等	执法及信访部门的工作总结，执法台账及信访记录，财务资料等	执法是否严格，相关违法及信访事件是否得到妥善和及时的处理
		机构建设	林业部门	制度建设、人员配置、经费保障、系统建设	部门机构设置、人员配备和仪器设备配置情况是否达到国家规定的标准并满足实际工作需要，是否影响森林资源资产的开发利用管理和森林环境保护工作的有效开展；相关部门运行经费是否得到预算保障；是否按规定建立森林资源和森林环境监测统计等信息数据系统，系统运行是否正常，数据是否安全可靠，是否存在人为调整数据以及系统软硬件闲置浪费等问题
森林资源资金	注重分析合规性、合理性、效益性，进行综合评价	征收	财政、林业部门	育林基金、森林植被恢复费等资金征收的相关财务资料	育林基金及植被恢复费的相关征收标准是否正确合理，是否足额征收，有无违规减征、免征、缓征等问题，是否采取措施督促欠缴或少缴的企业和单位进行补缴，是否足额上缴上级收入，有无截留上级收入问题；征占用国有林地、林木补偿费和安置补偿费、管理费等是否按规定核算
		管理	财政、林业部门	育林基金、森林植被恢复费、森林抚育资金、生态效益补偿资金、造林补贴、退耕还林工程、巩固退耕还林成果项目、天然林资源保护工程等	评价森林资源开发、利用、管理和森林环境保护投入情况。关注是否建立起森林资源保护和管理投入保障机制；政府是否将森林防火、病虫害治理作为公共财政投入的重点领域；是否存在因投入不足造成建设项目未完成，引发森林资源受到重大损失的情况；是否按规定安排使用资金，有无挪用问题等
		分配	财政、林业部门	森林资源开发利用、管理和森林环境保护资金筹集和投入情况	各级财政是否按计划、按项目预算足额配套资金，是否向主管部门、用款单位及时、足额下拨资金；森林资源资产开发、利用保护和征收管理涉及的专项资金收支是否真实、合规、有效；是否存在滞留项目资金，未及时足额拨付项目单位挤占、挪用项目资金等
		使用	财政、林业及各项目执行单位	重点项目建设的申报审批资料、项目建设资料及相关财务资料	检查是否按照森林资源专项预算规定安排支出项目，主管和用款单位是否按管理制度及程序管理资金，是否按规定的范围和用途使用资金，有无挪用、私分等问题，项目建设管理程序是否合规，有无未公开招标、偷工减料、未按设计标准建设等问题；惠民资金是否及时，是否足额发放，有无随意抵扣或虚报、冒领各项补助等问题

（续）

审计内容	评价标准	审计事项	被审计单位或相关单位	所需资料	审计评价具体内容
森林资源生产	与基准期数据进行对比分析，着重关注森林资源生产的效益性，评价标准参见相关的国家法律法规、部门规章制度、行业标准、业务规范、经营规划等，评价结果应具有一定的预见性	评价期基数：数量	国土、农业及林业相关部门	林地面积（总面积及各分类面积）、森林蓄积量、森林资源总量、林地确权面积、湿地生态系统和野生动植物保护和管理等	林权确认数据是否真实完整、森林资源及其分有的计量是有科学的方法和依据；土地登记性质和实际利用情况是否一致；退耕还林土地面积是否真实，地类信息是否及时变更（通常情况可选择审计期间的前一年作为审计评价的技术标准，但考虑到森林资源本身存在生长周期长等特点，个别分析指标可在可比性标准前提下结合指标的特殊性选择远期或一个政策期前后的数据进行对比分析）
		评价期基数：质量	林业相关各部门	森林覆盖率、林种结构、天然林比重、森林保险投保率、病虫及火灾情况、造林成活率及保存情况等	通过查看林业部门的各项台账及实地调查等方式获取所需的数据，结合资金投入情况，分析直林资源质量的变化，如林种分布是否合理、各项保护措施投入是否到位
		增减变动情况：生产及生长	林业相关各部门	森林更新、造林培育、森林保护等的费用负担	结合林业建设项目情况进行分析
		消耗	林业相关各部门	林地消耗	征、占林地和用地审核审批情况是否规范，与林地保护的各项政策、规划等是否存在冲突；毁林行为是否得到有效控制；病虫害及火灾是否得到了有效控制
				林木消耗	是否建立了规范完整和运输台账，各项审批是否超出限额规定
		维护和灭火	林业相关各部门	病虫害防治、防火、种苗培育、森林植被恢复	通过前后年度的对比分析，反映政策执行效果
		开发利用：产业建设	林业相关各部门	国有森林资源资产的评估、流转	各项资源资产的流转是否有完备的申报审批程序，林地林木价值是否进行评估，评估机构是否专业等
		开发利用：产业贡献	统计、林业等相关部门	林业产值及林业产值占GDP比重（%）、野生动植物的数量增减变化及保有情况、森林旅游人数、森林旅游收入、人均公园绿地面积等	与资源消耗结合，分析资源的消耗产出比及森林资源所带来的经济、生态及社会效益

（三）编制自然资源资产负债表

为保障根河市生态文明建设顺利进行，应全面加强自然资源统计调查和监测基础工作，逐步建立健全自然资源资产负债表编制制度。

1. 基本原则

（1）坚持整体设计。将自然资源资产负债表编制纳入生态文明制度体系，与资源环境生态红线管控、自然资源资产产权和用途管制、领导干部自然资源资产离任审计、生态环境损害责任追究等重大制度相衔接。

（2）突出核算重点。从生态文明建设要求和人民群众期盼出发，优先核算具有重要生态功能的自然资源，并在实践中不断完善核算体系。

（3）注重质量指标。编制自然资源资产负债表既要反映自然资源规模的变化，更要反映自然资源的质量状况。通过质量指标和数量指标的结合，更加全面系统地反映自然资源的变化及其对生态环境的影响。

（4）确保真实准确。按照高质、务实、管用的要求，建立健全自然资源统计监测指标体系，充分运用现代科技手段和法治方式提高统计监测能力和统计数据质量，确保基础数据和自然资源资产负债表各项数据真实准确。编制自然资源资产负债表，不涉及自然资源的权属关系和管理关系。

（5）借鉴国际经验。立足我国生态文明建设需要、自然资源禀赋和统计监测基础，参照联合国统计委员会颁发的《2012年环境经济核算体系中心框架》，借鉴国际先进经验，通过探索创新，构建科学、规范、可操作性强的自然资源资产负债表编制制度。

2. 编制内容

根据自然资源保护和管控的现实需要，先行核算具有重要生态功能的自然资源。我国自然资源资产负债表的核算内容主要包括土地资源、林木资源和水资源。土地资源资产负债表主要包括耕地、林地、草地等土地利用情况，耕地和草地质量等级分布及其变化情况。林木资源资产负债表包括天然林、人工林、其他林木的蓄积量和单位面积蓄积量。水资源资产负债表包括地表水、地下水资源情况，水资源质量等级分布及其变化情况。在根河市区分别采集、审核相关基础数据，研究资料来源和数据质量控制等关键性问题，探索编制自然资源资产负债表。

3. 编制方法

自然资源资产负债表反映自然资源在核算期初、期末的存量水平以及核算期间的变化量。核算期为每个公历年度1月1日至12月31日。在自然资源核算理论框架下，以自然资源管理部门统计调查数据为基础，编制反映主要自然资源实物存量及变动情况的资产负债表。自然资源资产负债表的基本平衡关系是：期初存量+本期增加量−本期减少量＝期末存量。期初存量和期末存量来自自然资源统计调查和行政记录数据，本期期初存量即为上期期末存量。核算期间自然资源增减变化的主要影响因素有两类：一是人为因素，如林木的培育和采伐引起的林木资源资产变化；二是自然因素，如降水和蒸发等引起的水资源资产变化。编制自然资源资产负债表所使用的分类，原则上采用国家标准。尚未制定国家标准的，可暂采用行业标准。编制自然资源资产负债表所涉及指标的涵义、包含范围和计算方法，由统计局会同有关部门制定。根河市自然资源负债核算内容应根据实际情况具体裁定。考虑到根河市主要资源为森林、水资源等，因此在指定自然资源负债核算指标体系中主要参考深圳龙岗区自然资源负债核算体系，详见表13-2。

表13-2　根河市自然资源负债核算指标体系

自然资源类型	自然资源负债	核算指标	核算方法
森林资源	资源耗减	森林面积减少量	市场价值法
		活立木蓄积减少量	
		林副产品减少量	
		古树名木减少量	
	环境损害	土壤环境质量退化	替代工程法
	生态破坏	森林覆盖率降低	—
		生态服务功能减弱	
城市绿地资源	资源耗减	资源耗减、城市绿地面积减少量	市场价值法
		古树名木减少量	
	环境损害	土壤环境质量退化	替代工程法
	生态破坏	生态服务功能减弱	—
水资源	资源耗减	河流、水库面积减少量	市场价值法
		水产品减少量	
	环境损害	COD排放量	防护支出法
		NH_3-N排放量	
	生态破坏	生态服务功能减弱	—

（四）建立生态环境损害责任追究制度

推进生态文明建设一岗双责制度。强化对生态环保工作的督查，对未履行环境保护职责或履责不到位的进行约谈，对问题严重的实行挂牌督办、区域限批。强化各级政府的环境保护职责，加强环境监管能力建设。落实国家《环境保护督察方案（试行）》。出台《党政领导干部生态环境损害责任追究办法（试行）》的实施细则，以生态环境损害情况为依据，明确、细化各级政府领导班子主要负责人、有关领导人员、部门负责人的追责情形、认定程序和责任追究措施。建立重大决策终身责任追究及责任倒查机制，对在生态环境和资源方面造成严重破坏负有责任的干部不得提拔使用或者转任重要职务，对构成犯罪的依法追究刑事责任。实行领导干部自然资源资产离任审计，对领导干部离任后出现重大生态环境损害并认定其应承担责任的，实行终身追责。

（五）严格实行生态环境损害赔偿制度

建立相关部门生态环境损害评估责任认定和协作机制，形成完备的生态环境损害评估制度，根据环境损害阶段的不同特征，以发生频次高、危害大、涉及公众环境健康和社会稳定的环境问题为突破口，围绕生态系统损害、突发性水污染事件、污染场地环境损害等主要环境损害类型，构建环境损害界定与量化的技术标准体系。对违反环保法律法规的，依法严惩重罚；对造成生态环境损害的，以损害程度等因素依法确定赔偿额度；对造成严重后果的，依法追究刑事责任。以此制度强化生产者环境保护法律责任，大幅度提高违法成本，遏制违法犯罪行为出现。

四、环境经济政策

（一）建立多元化的生态补偿政策机制

制定生态补偿机制实施意见，探索建立多元化补偿模式。积极争取国家、自治区对根河市生态补偿的支持；积极探索定量化的生态补偿评价方法，按照生态功能区划进行生态补偿。建立生态补偿基金，开展综合性生态保护补偿试点，对不同领域、不同类型的生态补偿资金进行统筹整合。生态补偿基金重点支持生态公益林管护、日常生活垃圾处理、环保基础设施建设、对河流水库水源保护等方面，做到专款专用，落实到乡镇、项目，量化各项生态补偿专项基金使用的绩效考核目标，纳入绩效考核体系，并建立相应的奖惩机制。

（二）落实企业绿色信贷金融政策

推广绿色信贷，研究采取财政贴息等方式加大扶持力度，鼓励各类金融机构加大绿色信贷的发放力度，明确贷款人的尽职免责要求和环境保护法律责任。支持设立各类绿色发展基金，实行市场化运作。建立绿色评级体系以及公益性的环境成本核算和影响评估体系。加快推进企业环境行为信用评价，加强环保部门和金融机构的联动，推动构建环境保护"守信激励、失信惩戒"机制。参照企业环境行为等级评价结果，对环境违法企业进行信贷控制，切断重污染企业的"血源"，积极探索企业环境行为信用评价与信贷联动机制。对实行循环经济、清洁生产的企业给予信贷帮助。建立绿色信贷责任追究制度和环境风险评估制度，从资金源头上控制高耗能、高污染企业的发展。

（三）加快推动环境污染责任保险

明确企业投保和保险公司承保的责任和义务，建立、完善保险市场的监管机制和技术标准，营造有利于环境污染责任保险的市场环境，根据企业环境风险，合理厘定保额和保费。同时，尽快出台高风险企业强制保险政策指导意见和实施细则，明确高风险企业范围、划分依据和标准，明确投保程序和要求。研究制定对环境友好企业投保的优惠政策，如给予保费优惠、优先获得各类环保专项资金支持等，积极扩大自愿投保企业数量。加快推进环境污染责任保险工作，完善参保机制，相关责任单位衔接保险公司建立并实施除费率优惠之外的激励机制，提高环境污染风险承担能力。

五、健全市场运行机制

（一）推行环境污染第三方治理

加快推进区域环境治理、环境基础设施建设与运营管理、工业污染治理、环境监测等领域第三方治理。通过政府购买服务等方式，引导环境污染第三方治理，完善资源环境定价与污染治理收费制度。在环境基础设施建设、小流域综合治理、生态修复等方面加快推进PPP等模式试点。加大对环保产业的金融、财税等政策扶持，积极培育能够提供咨询、设计、建设、运营、维护等一条龙服务的环保企业集团，鼓励各类投资进入环保市场，推动环保企业上市融资，壮大环保市场，为第三方治理奠定基础。开展小城镇、园区环境综合治理托管服务试点，探索环境治理项目与经营开发项目组合开发模式。充分发挥行业协会、中介机构的作用，建立企业环境信用评级和黑名单制度，规范第三方治理市场。

（二）健全市场交易制度

结合重点用能单位节能行动和新建项目节能评估审查，开展项目节能量交易，并逐步改为基于能源消费总量管理下的用能权交易。建立用能权交易系统、测量与核准体系。推广合同能源管理。推进碳排放权交易试点，建立碳排放权交易市场监管体系。在企业排污总量控制制度基础上，进行初始排污权核定。在现行以行政区为单元层层分解机制基础上，根据行业先进排污水平，逐步强化以企业为单元进行总量控制、通过排污权交易获得减排收益的机制。积极推进排污权有偿使用和交易试点，筹建排污权交易平台。结合水生态补偿机制的建立健全，合理界定水权，开展水资源使用权确权登记，探索地区间、流域间、流域上下游、行业间、用水户间等水权交易方式。研究制定水权交易管理办法，明确可交易水权的范围和类型、交易主体和期限、交易价格形成机制、交易平台运作规则等。

第十四章
建设项目与收益分析

围绕根河市生态文明县建设示范市县建设,需要策划并有序、扎实地推进各项生态文明建设项目,并明确主要建设内容以及投入产出状况,实现社会经济发展和资源、环境的关系协调,对于根河市生态文明建设取得实效,实现可持续发展具有十分重要的战略意义。

一、项目集成

根据根河市生态文明建设目标与要求,针对根河市生态文明建设的优势与不足之处,筛选出根河市生态文明建设的114项重点工程项目,并按照"生态制度、生态环境保护、生态空间、生态经济、生态生活、生态文化"6个方面进行归类,如表14-1所示。

表14-1 重点建设工程列表

项目类别	序号	项目名称	主要建设内容	投资规模(万元)	资金筹措渠道
生态制度	1	生态文明政绩考核制度建立工程	制定适合根河市生态文明建设的党政绩效考核办法,将河长责任考核列入政绩考核,逐步建立全市河流水质、河长履职等信息的公开机制,并在根河市加以组织实施	200	政府
生态制度	2	建立资源环境承载能力监测预警机制	依据经济社会条件、生态重要性与脆弱性、资源储量等要素,结合主体功能区划,建立环境承载能力监测预警体系	1300	PPP模式
生态制度	3	建立统一的固定源环境管理平台	整合衔接现行各项环境管理制度,实行排污许可"一证式"管理,形成系统完整、权责清晰、监管有效的污染源管理新机制	1500	政府
生态制度	4	生态补偿机制完善工程	建立生态补偿机制,不断完善生态文明建设的财政、金融、价格等保障体系,加大对生态补偿的财政投入力度,建立着眼于保护与发展公平的生态补偿机制	300	政府

（续）

项目类别	序号	项目名称	主要建设内容	投资规模（万元）	资金筹措渠道
生态制度	5	开展生态文明建设统计及执法监督	建立生态文明综合评价指标体系，定期开展全市生态状况调查和评估；加强法律监督、行政监察，强化对浪费能源资源、违法排污、破坏生态环境等行为的执法监察和专项督察	500	政府
生态制度	6	建立环境信息公开和公众参与制度	倡导政府绿色办公，发展电子政务，进行生态文明建设相关政务信息公开，将企业环境信用等级公开，接受公众监督，健全民众意见反馈机制；鼓励成立环保组织及行业协会，传播生态文明理念，带动全民参与生态文明建设	500	政府
生态环境保护	7	污水处理厂及配套污水管网设施建设工程	阿龙山镇、满归镇、金河镇、得耳布尔镇以及敖鲁古雅乡新建生活污水处理厂及配套建设管网	5000	政府
生态环境保护	8	养殖污染治理项目工程	阿龙山镇、满归镇、金河镇、得耳布尔镇以及敖鲁古雅乡新建养殖污染治理设施，包括干粪收集槽、污水收集池、沼气池等，对养殖废弃物资源化利用、无害化处置	1500	PPP模式
生态环境保护	9	地表径流污染物拦截	对根河、激流河、金河、乌鲁吉气河、敖鲁古雅河等主要河道设置拦污设施，进行净化	2500	政府
生态环境保护	10	根河市污水处理厂提标改造项目	对污水处理设施进行重新设计，提高污水处理能力，使出水达到标准的要求	2990	政府
生态环境保护	11	市区污水保温厂建设	按照国家污水排放标准，加快建设市区污水保温厂，确保污水在冬季能够达标排放	3000	政府
生态环境保护	12	湿地公园水环境整治工程	对根河源国家湿地公园、牛耳河国家湿地公园中水环境进行综合整治，包括补水管道、沿岸防护林、水体清淤、生态驳岸等	15000	政府
生态环境保护	13	根河市建筑垃圾资源化利用工程	新建建筑垃圾加工处理厂一处，主要把建筑垃圾通过加工制造成再生骨料，形成资源再利用。对不可回收利用的建筑垃圾进行填埋处理	800	PPP
生态环境保护	14	根河市垃圾集中处理场建设工程	新建垃圾集中处理场一处	5000	政府
生态环境保护	15	根河市新型市内垃圾转运站建设工程	新建新型市内垃圾转运站一处，新型垃圾转运站具有垃圾分类功能	1200	政府
生态环境保护	16	根河市生活垃圾分类处理工程	更新根河市区垃圾箱，使90%以上垃圾箱具有分类功能。将生活垃圾分类转运，运往垃圾处理厂分类处理，部分可回收垃圾经处理得以再利用，部分不可回收垃圾进行填埋处理	1000	政府
生态环境保护	17	得耳布尔镇垃圾处理站扩建工程	在原1.3公顷的垃圾处理站项目基址上将处理站占地面积扩增为2.5公顷，增加相应的垃圾处理设施	2000	政府
生态环境保护	18	垃圾处理站建设工程	敖鲁古雅乡、阿龙山镇、金河镇、满归镇新建垃圾处理站	2000	政府

（续）

项目类别	序号	项目名称	主要建设内容	投资规模（万元）	资金筹措渠道
生态环境保护	19	垃圾中转站建设工程	阿龙山镇、金河镇、满归镇、得耳布尔镇新建垃圾中转站，每处占地约1000平方米	2000	政府
生态环境保护	20	垃圾收集、转运等相关设施项目工程	敖鲁古雅乡、阿龙山镇、金河镇、满归镇、得耳布尔镇新增垃圾转运车、垃圾箱等转运、收集设施	1500	政府
生态环境保护	21	垃圾填埋场环境整治工程	对根河市主城区西侧垃圾填埋场进行环境整治，包括污水防渗工程、场地加固工程、场地气体导排工程、水体治理工程、植被修复与栽植工程等	2400	政府
生态环境保护	22	热电企业工业废气治理工程	加大热电企业工业废气治理，建设热电联产和代木能源项目，推行洁净煤技术	3000	PPP模式
生态环境保护	23	矿产工业废气治理工程	矿产工业设备更新工程，提高滞尘效率	5000	PPP模式
生态环境保护	24	大气监测平台建设工程	建立大气环境监测预警数据库和信息技术平台	7000	政府
生态环境保护	25	森林生态保护工程	建设优势树种苗木培育基地，开展经济林建设工程、更新造林工程和生态公益林补植、抚育、封育工程，加强森林火灾管护	52000	政府
生态环境保护	26	水生态保护工程	实施根河、激流河、得耳布尔河等主要河道的整治工程，建立比较完善的水环境自动化监测系统和水资源管理信息系统	30000	政府
生态环境保护	27	森林防火通道建设工程	根河—萨吉气、金河—汗马国家级自然保护区、金河—莫尔道嘎、满归—白鹿岛、得耳布尔—上护林等通乡和防火公路建设，提高林区森林防火能力	50000	政府
生态环境保护	28	生物多样性保护工程	开展野生动植物资源本底数调查和濒危野生动植物抢救性保护工程，建设救护繁育中心和基因库，建立野生动物救助站，完善监测、管护设施	12000	政府
生态环境保护	29	大兴安岭山地寒温型湿润半湿润森林生态功能保护区工程	实施天然林资源保护工程，封山育林、植树造林，建设源头防护林和水源涵养林，恢复受破坏的森林生态功能区，实施退耕还林还草工程，种植多年生优质牧草	40000	政府
生态环境保护	30	额尔古纳河河流湿地防洪调蓄生态功能区工程	实施大兴安岭原始森林蓄积水源涵养林保护工程，敞开水域空间，建设沿岸防护林，恢复已开垦的湿地	33000	政府
生态环境保护	31	自然保护区、国家森林公园保护工程	以汗马国家级自然保护区、潮查自然保护区、满归阿鲁自然保护区、牛耳河湿地自然保护区、额尔古纳河根河段哲罗鱼国家级水产种质资源保护区和伊克萨玛国家森林公园为重点，实施严格封山育林工程	20000	政府
生态环境保护	32	耕地土壤污染防治工程	建立耕地土壤污染治理示范区，开展耕地土壤污染监测与调查工作	3000	政府

（续）

项目类别	序号	项目名称	主要建设内容	投资规模（万元）	资金筹措渠道
生态环境保护	33	林地土壤污染防治工程	选取林地土壤易受污染区域，进行土壤质量监测与调查工作，实行林地土壤污染防治计划	2000	政府
生态空间	34	生态红线管控区域保护工程（附图12）	根据生态红线范围图，制定生态红线保护措施。加强对生态红线内森林生态系统、湿地生态系统和生物多样性的管理与保护	120	政府
生态空间	35	矿产资源开发地质环境治理工程和绿色矿山创建项目	利用人工技术修复已遭破坏生态区域，新建废固处理厂，对矿产废固进行再加工做成水泥、骨料等，对矿产提炼设备进行技术更新，提高矿石利用率。根据根河市制定并印发的《根河市绿色矿山建设实施方案》以及自治区统一发布执行的绿色矿山建设标准实施根河市绿色矿山创建项目	9000	PPP模式
生态空间	36	交通沿线生态廊道建设项目	建设根河至漠河、根河至莫尔道嘎、根河至拉布大林交通沿线生态廊道，通过植树造林增加景观联动性，开展动物通道建设工程	5000	政府
生态空间	37	根河水岸线治理工程	建设堤防保障市民安全，建设生态驳岸、水鸟栖息地，实施驳岸治理工程，建设沿河景观带、亲水广场等增加市民的亲水空间	24000	政府
生态空间	38	水土保持工程	采取封山育林、人工种植方式加强水土流失区域的生态恢复。按照"谁开发谁保护，谁损坏谁恢复"的原则，加强矿业对水土流失的治理与修复	12000	政府
生态空间	39	与周边市（县）建立生态保护区域合作	与周边市（县）建立生态保护区域合作平台，形成水系、空气、森林等方面的污染防治区域合作关系，建立跨区域环境风险防控应急体系和污染事故应急体系	2000	政府
生态经济	40	黑木耳种植及观光基地	建设组培室、污水处理设施、输变电线、黑木耳种植基地、平整道路、仓库等以及各种观光体验配套设施	1000	政府、企业
生态经济	41	食用菌种植及观光基地	建设仓库、制袋车间、无菌接种室、出菇试验场以及各种观光体验配套设施等	1000	政府、企业
生态经济	42	根河市林海源蓝莓加工车间扩建改造项目	生产厂房、管理用房、购车机器、相应的配套设施以及各种观光体验配套设施等	190	政府、企业
生态经济	43	野猪养殖项目	建设猪舍、隔离舍、仔培舍、配种舍、水电供热等配套设施，以及分娩栏、仔猪保育栏等设备	500	政府、企业
生态经济	44	食用菌加工及观光体验项目	建设生产厂房、管理用房，购买机器，建设食用菌生产基地、相应的配套设施以及各种观光体验配套设施等	1000	政府、企业
生态经济	45	野生浆果、山野菜加工及观光体验	建设厂房、储存间、原料洗选、配料、工艺发酵、冷藏储存系统的配套设施以及各种观光体验配套设施	1000	政府、企业
生态经济	46	山泉水开发及观光体验项目	建设物理过滤、无菌灌装等设备、水生产线以及各种观光体验配套设施等	800	政府、企业
生态经济	47	绿野生态食品有限公司5000吨卜留克自动化腌制加工车间项目（一期）	建设厂房、储存间、生产线以及各种观光体验配套设施等	1702	政府、企业

（续）

项目类别	序号	项目名称	主要建设内容	投资规模（万元）	资金筹措渠道
生态经济	48	雪域生物科技有限公司纯雪水高端开发项目	生产线、车间等	1000	政府、企业
生态经济	49	根河市好里堡绿色保暖房屋配套基础设施建设项目	给排水等配套设施	200	政府
生态经济	50	根河市得耳布尔镇绿色保暖集成房屋项目	保暖设施及房屋建设	834	政府
生态经济	51	根河市好里堡绿色保暖集成房屋建设项目	保暖设施及房屋建设	1771	政府
生态经济	52	根河市敖鲁古雅乡亮化、绿化、电子监控覆盖项目	绿化、环境整治、设施设备等	250	政府
生态经济	53	根河市中央路沿街楼体立面改造及亮化工程	整条街的立面改造及绿化等	8000	政府
生态经济	54	北欧风情一条街	从根河市西出口至根河玉泉桥，对整条街进行立面改造，建设购物美食主题段、文化休闲主题段、民宿度假主题段三个主题段，融入森工火车创意坊、森林之屋、网红彩墙、白桦林落叶餐厅等新业态	1000	政府
生态经济	55	自行车骑行风景道	依托S301，建立骑行系统，沿途设置若干旅游驿站，完善道路至旅游景区的交通标识系统	800	政府
生态经济	56	满归旅游集散中心	建设游客服务中心、智慧旅游管理中心、交通中转枢纽等	800	政府
生态经济	57	根河市得耳布尔镇旅游驿站景区建设项目	房屋、设施、景观小品、绿化等	1000	政府
生态经济	58	森工文化园二期建设项目	展示区、给排水等配套工程	7140	政府
生态经济	59	根河市敖鲁古雅鄂温克族乡驯鹿迁徙实景展示项目	展演区、设施设备等	50	政府、企业
生态经济	60	根河市敖鲁古雅鄂温克族乡冬季旅游设施及民族服装项目	冬季旅游的住宿以及各种配套设施设备	100	政府、企业
生态经济	61	根河市得耳布尔镇旅游通道商业服务楼项目	住宿、餐饮、绿地等	3404	政府
生态经济	62	根河市敖鲁古雅传统驯鹿习俗展演中心项目	展演中心、配套给排水、供电等工程	1200	政府、企业
生态经济	63	根河市好里堡办事处沿河景观建设	周围环境整治	324	政府
生态经济	64	森工街道办事处红旗社区达斡尔村特色旅游用房建设一期工程项目	住宿、餐饮等基础服务设施	60	政府、企业
生态经济	65	森工街道办事处红旗社区达斡尔村特色旅游用房建设附属设施工程	给排水、供电等配套设施	20	政府

（续）

项目类别	序号	项目名称	主要建设内容	投资规模（万元）	资金筹措渠道
生态经济	66	森工街道办事处红旗社区达斡尔村特色旅游用房建设三期工程项目	住宿、餐饮等基础服务设施	50	政府
生态经济	67	驯鹿主题景区建设项目	观光、休息、配套设施等	300	政府、企业
生态经济	68	根河市敖鲁古雅乡博物馆改扩建项目	陈列区、办公区、设备用房等	350	政府
生态经济	69	根河市敖鲁古雅鄂温克艺术馆建设项目（太阳城2号楼）	陈列区、工艺研究区、设备等	300	政府
生态经济	70	城市主入口带状公园建设项目	休闲、观光等设施，周边环境整治	10000	政府
生态经济	71	根河市森工街道办事处红旗社区达斡尔族村农产品展示销售大厅建设项目	展示区、配套设施	200	政府、企业
生态经济	72	根河市冷极小镇建设项目	冷极特色餐饮、民宿，民俗活动展示基地、圣诞广场等	59500	政府
生态经济	73	根河市旅游厕所建设项目	厕所等配套设施	100	政府
生态经济	74	根河市全域旅游综合服务中心建设项目（好里堡旅游综合服务区）	游客服务中心、智慧旅游管理中心、交通中转枢纽等	1500	政府
生态经济	75	根河湾景观带建设项目	休闲、观光设施和环境整治	10000	政府
生态经济	76	根河市特色小镇建设项目	房屋、厕所、道路整治等	40500	政府
生态经济	77	根河市文化馆建设项目（将馆内文化市场、文物所调剂）	陈列、办公设施等	500	政府
生态经济	78	根河市得耳布尔绿色生态矿山园区建设项目	各种生产线和配套设施	5000	政府
生态经济	79	敖鲁古雅使鹿部落5A景区创建工程	建设驯鹿圣诞广场、温泉酒店、创意ICE HOTEL、驯鹿风情体验园、撮罗子营地等项目	1000	政府、企业
生态经济	80	敖鲁古雅鄂温克族非遗小镇	建设敖鲁古雅文化展演中心、驯鹿精灵影视艺术基地、鄂温克族非遗传承学院、白桦林工艺文化创意街等	1000	政府
生态经济	81	好里堡休闲体验园区	对留存的林业职工房屋建筑进行改造提升，建设特色民宿和餐饮和汽车营地，结合园区内的项目开发观光体验性项目	1000	政府、企业
生态经济	82	古灶台遗址	依托现存的古灶台遗址，通过图片、历史故事、情景再现表演等艺术表现形式再现蒙古军行军打仗的情景	500	政府、企业
生态经济	83	红豆健康疗养院	建设红豆健康医学研究中心、红豆健康疗养院、森林屋养生主题民宿等	800	政府、企业

（续）

项目类别	序号	项目名称	主要建设内容	投资规模（万元）	资金筹措渠道
生态经济	84	北国红豆森林婚恋园	建设森林户外婚庆营地、森林婚恋摄影基地，打造集婚恋婚庆产业、婚纱摄影、MV（音乐短片）微电影拍摄等多功能于一体的森林婚恋基地	800	政府、企业
生态经济	85	红豆休闲园	建设林下采摘园、红豆主题美食制作坊、红豆艺术教育基地、红豆主题休闲街区等，打造集采摘活动、文创街区、艺术教育、食品加工等多业态功能于一体的创意休闲园	400	政府、企业
生态经济	86	根河源国家湿地公园创建5A级景区建设工程	按照5A级旅游景区标准，对原有的露营基地、冷极湾栈道、雾海栈道、森工文化主题度假木屋、鹿苑等项目进行合理的提质改造与升级，并建设雪地摩托车体验基地、拓展训练基地、野生浆果生态休闲基地、有机黑木耳生态休闲基地等新的项目，进一步提升基础设施和休闲服务设施	1000	政府、企业
生态经济	87	伊克萨玛国家森林公园4A景区创建工程	按照4A级旅游景区标准，加快提升伊克萨玛国家森林公园基础设施和休闲服务设施，建设森林浴场、森林氧吧、森林静养基地、森林康养人家、激流河漂流、生态度假别墅、木屋群落、树屋营地、直升飞机观光基地、观景平台、瞭望塔台、木栈道、生态廊道、休憩驿站、摄影基地等项目	1000	政府、企业
生态经济	88	汗马国家级自然保护区旅游提升工程	在实验区可利用的建设用地范围内，建设生态科普林、生态观测站、生态实验基地、配套露营地、度假木屋、生态石屋、房车营地、观景平台、瞭望塔台、木栈道、生态廊道、休憩驿站等项目	800	政府
生态经济	89	卡鲁奔湿地公园4A创建工程	按照4A级旅游景区标准，继续提升通往景区的公路、景区内各项基础配送设施和休闲服务设施，建设卡鲁奔滑雪场、滑翔伞训练基地、热气球山地婚庆基地、滑草绿地、环山自行车赛道、拓展训练场、丛林野战基地、亲子乐园、游客接待中心、森林木屋、浪漫花海等项目	1000	政府、企业
生态经济	90	奥克里堆山景区提升工程	完善服务配套设施，改造提升瞭望塔和观光栈道，融入观光缆车、冰雪滑道等游览方式，完善标识系统	1000	政府、企业
生态经济	91	牛耳河国家湿地公园建设项目	开展保护、监测等管理活动。以生态观光为基础，适度开发科普研学、生态露营等项目	1000	政府、企业
生态经济	92	鄂温克岩画艺术森林	以文化交流、艺术创意为特色的艺术创造基地	800	政府、企业
生态经济	93	航空旅游项目	改造提升森林观光直升机，打造高空跳伞、高空蹦极、救援演练等高空项目，完善相应的配套设施和安全设施	500	政府、企业
生态经济	94	森铁旅游项目	建设不同主题的车厢，如以冰雪、冷极、驯鹿、圣诞、森工等根河元素为主题设置主题车厢，完善提升铁路沿途观光休闲等配套设施	1000	政府、企业
生态经济	95	森林旅游走廊项目	以S301为建设依托，建设景观公路、生态营地、文化驿站等项目，完善配套设施	800	政府、企业
生态经济	96	根河市金谷物流公司建设项目	运输、存储、加工、包装、装卸、配送和信息处理等配套设施	500	政府

（续）

项目类别	序号	项目名称	主要建设内容	投资规模（万元）	资金筹措渠道
生态经济	97	根河市冷极国际酒店建设项目	餐饮、住宿、会议、娱乐休闲等设施	18000	政府、企业
生态经济	98	根河市敖鲁古雅乡温泉酒店建设项目	餐饮、住宿、会议、娱乐休闲等设施	5000	政府、企业
生态经济	99	根河市敖鲁古雅乡特色民宿住宅楼建设项目	住宿、给排水等设施	2300	政府、企业
生态经济	100	根河市惠民农贸市场建设项目	摊位、超市、路面整治等	1500	政府
生态经济	101	根河市满归镇集贸市场	摊位、配套设施等	1000	政府、企业
生态经济	102	根河市森工沿山、森工新兴、河东华丽社区、河西铁西社区综合文化服务中心建设项目	办公用房、配套设施等	1000	政府、企业
生态经济	103	根河市兴安经济技术开发区建设项目	各种公共设施配套项目	5000	政府、企业
生态经济	104	根河市运通物流中心建设项目	运输、存储、加工、包装、装卸、配送和信息处理等配套设施	4000	政府、企业
生态经济	105	市民大厦建设项目	各种摊位、配套设施	1000	政府、企业
生态经济	106	根河市第一、二、三产业融合先导区重点建设项目	各种全域旅游、田园综合体等重点县项目	3000	政府、企业
生态经济	107	根河市兴安植物园建设项目	观光、休闲等配套设施	10000	政府、企业
生态经济	108	主题酒店建设项目	结合根河文化元素，建住宿、餐饮等相关设施，停车位、排水、垃圾处理等设施	600	政府、企业
生态经济	109	社区养老服务设施建设工程	在各乡镇修建老人购物中心和服务中心、老人餐桌和老人食堂、老年医疗保健机构、老年活动中心、老年婚介所、老年学校，开展老人法律援助、庇护服务等	8000	政府
生态经济	110	根河数据共享、数据交换工程	建立根河信息数据库，搭建根河数据、信息共享交换平台，实现各政府部门之间的群众信息共享，实现"一窗受理"服务模式	2000	政府
生态生活	111	养殖污染治理项目	主要是针对金河镇养殖污染进行相关的治理与整顿，对于养殖业所排放的污水、污物、粪便进行合理处理	1200	政府
生态生活	112	绿色建筑改造工程	率先将根河市学校、医院、市文化馆、市图书馆、市博物馆、市青少年活动中心进行绿色建筑改造，其次对建成区住宅进行绿色建筑改造。对居民住宅外墙贴保温材料，一来美观，二来使得住宅能够保温，节省冬季燃料	2500	政府
生态文化	113	根河生态文化传承、宣传工程	修建敖鲁古雅非物质文化传习所、生态文化展示博物馆	1000	政府
生态文化	114	生态文化读本、影片引进、发放工程	批量订购一批适合学前儿童使用的生态文化绘本、适合小学生使用的生态文化书籍读本、适合高中生观看的生态文化宣传影像资料、方便老年人阅读的生态文化宣传手册。拍摄剪辑生态文明宣传大片	2000	社会捐赠/政府购买

二、投资预算

根河市实施生态文明建设示范市县创建规划重点建设领域的114项工程，所需资金608755万元。工程具体项目构成及投资见表14-2。筹集这些资金，要建立健全多元化的投融资机制，通过生态补偿、转移支付等多种途径积极争取中央、自治区财政资金，运用市场化机制，鼓励和支持社会资金投入生态文明建设，建立完善政府主导、市场推进、公众参与的多元化投入机制。应本着"谁投入、谁受益"的原则。资金主要来源包括政府财政投入、自筹资金、PPP融资等。力求做到国内资金与境外资金相结合，中央投入与地方配套相结合，企业和受益者投资与国家支持相结合，多方合力，积极开拓资金来源。

表14-2 根河市各类工程项目投资分布表

序号	工程名称	项目数（个）	投资额（万元）	占总投资额比例（%）
1	生态制度建设工程	6	4300	0.7
2	生态环境保护工程	27	304890	50.1
3	生态空间建设工程	6	52120	8.6
4	生态经济建设工程	71	240745	39.5
5	生态生活建设工程	2	3700	0.6
6	生态文化建设工程	2	3000	0.5
	合计	114	608755	100

三、效益分析

（一）经济效益

通过生态文明建设的各项重点工程实施，使根河市保持了较快的经济发展速度，稳步提高了经济总量，较大改善了经济发展质量，总体上经济发展水平提高、区域综合竞争力提高。到2025年，生态产业化、产业生态化的产业格局初步形成，地区生产总值可达70亿元，城镇居民人均可支配收入提升至呼伦贝尔市平均水平，第三产业占GDP比例逐年上升，旅游经济增加值占GDP比重上升。到2035年，生态产业化、产业生态化的产业格局基本形成，形成以生态旅游业为引领的产业结构和发展布局，地区生产总值比2025年提高50%，城镇居民人均可支配收入位于呼伦贝尔市前列。

（二）生态效益

通过产业结构优化调整、生态环境建设和环境综合整治措施的实施，资源能源利用效率明显提高，生态功能显著加强，生态安全得到可靠保障，人居环境得到明显改善，资源约束趋紧、环境污染严重、生态系统退化的问题得到解决，全市环境质量得到全面改善。

1. 建立完善的生态环境保护和生态制度体系

通过生态环境相关工程，开展土壤、大气和水的调查和监测工作，对大气、水、土壤环境等进行综合整治和修复，对自然保护区、森林公园和矿山等进行综合的环境整治和提升，构建生态廊道和生物多样性保护网络，构建完善的污水、垃圾无害化处理系统，全面提升根河市生态系统稳定性和生态服务功能，使根河的天更蓝、山更绿、水更清，为根河市乃至全国人民提供更多优质的生态产品。

2. 建设与自然和谐的人居体系

通过绿色建筑改造工程、生态惠民工程，改善了城镇面貌，为城乡居民的休闲提供优美充足的场所，提高了自然生态体系、旅游、休闲服务价值，同时使原本受到破坏的自然系统得到恢复，逐步形成社会和谐、经济高效、生态良性循环的居住环境，并塑造全新的生态企业、生态社区、生态景观。

3. 形成区域生态安全格局，提高区域可持续发展能力

通过生态功能分区，使生态保护红线、受保护地区占国土面积比例、生态环境状况指数、环境质量改善等生态文明建设示范市县各相关指标更加优化，为野生动植物提供更广阔生存活动空间，促进区域生态系统物种多样性显著提高，将根河市打造为国家生态安全屏障的保护典范。

（三）社会效益

通过大力改善人居环境条件、建立生态制度、发展生态文化，不断提高人们生活水平和生活质量，在物质文明不断发展的同时，精神文明同步发展，有力地促进社会的不断进步。

1. 人居环境显著改善，人民生活水平得到提高

生态文明建设过程中基础设施的建设、各镇环境的综合整治、生态文明建设示范市县创建等直接推动了城镇人居环境的改善和优化，人居环境将更加舒适，人与自然的关系将更加和谐。

2. 社会生态意识得到大幅度提高，生活方式发生很大改变

通过生态文明建设示范市创建，生态意识逐渐在民众得到普及，生态文化得到广泛发展，公众参与生态环境保护工作和建设的主动性增强，公民自觉调整不合理的资源利用方式和生活消费方式，并营造出健康、文明生产的消费方式氛围，生活方式绿色化及公众对环境的满意率不断提高。

3. 推动社会公正和谐，实现人与环境和谐发展

在生态文明建设过程中，社会经济不断发展，科技不断进步，人民生活质量、文化教育水平不断提高，生活生产环境逐渐优化，贫富差距逐步缩小，社会保障体系逐渐完善，居民在生活、就业、教育、医疗、卫生、保健、社会福利等方面分享了生态文明建设带来的红利，更加有利于公正、和谐社会的建设，也有利于实现人与环境的互利共生，和谐相处。

第十五章 建设保障措施

生态文明建设需要目标明确、层次清晰、内容具体的建设保障体系给予支撑。为保证根河市生态文明建设顺利进行，需要以严格执法与监管为基础，强化组织领导，健全落实机制，严格目标考核，培养引进人才，加强科技支撑，推进区域合作，建立一个多途径、多层次、可操作的建设保障体系。

一、强化组织领导

（一）成立组织，强化领导

成立根河市生态文明建设领导小组，主要领导任组长，城建、国土、环保、财政、农水、旅游等部门负责人为成员，建立联席会议制度，在生态文明建设方面全面负责，包括生态文明建设的组织、领导、协调和督察等工作环节。领导小组负责不同部门之间的协调和日常调度，各相关部门结合部门职责展开具体工作。各乡镇等单位成立相应组织机构，负责将生态文明建设的任务进一步落实。同时，为保障生态文明建设顺利进行，组建从各部门抽出业务骨干组成的"生态文明建设办公室"，在办公地点、办公人员、办公经费明确落实的基础上，对生态文明建设工作进行解释、监督、检查、指导、评估等。切实做到领导到位、组织协调、措施到位，为根河市生态文明建设的顺利进行提供领导保障和组织保障。

（二）制定方案，全面部署

根据根河市实际情况以及生态文明建设的相关要求，制定《根河市生态文明建设实施方案》，明确生态文明建设的指导思想、路线、手段、步骤，细化和量化相应的目标任务。市政府需要召开由各局委、各镇街和有关部门主要负责人参加的动员会议，对生态文明建设进行全面安排部署，落实各部门在生态文明建设中的主要职责。对执行方案进行跟踪考察，适时调整使之成为符合根河实际的重要战略，为根河市生态建设、环境保护、人居环境建设、政府管控建立良好的规范。

（三）分级负责，落实责任

生态文明建设是一个长期过程，需要政府和生态文明办公室不断地监督与检查，完善落实责任，这样才能保障整个工作有序顺利进行。生态文明建设办公室组织市政府、镇政府、各局委、企事业单位签订"责任状"。明确相关负责人（行政负责人和企业法人为第一责任人），实行目标管理、过程管控、绩效考核、奖惩兑现。增强各级政府的责任心和企业生态文明建设的责任心及使命感。制定生态文明建设年度阶段性计划，分解落实生态文明建设工作，由市政府与相关责任单位签订目标责任书，确保生态建设各项工作和任务落实。

二、健全落实机制

（一）建立健全综合决策机制

把生态文明建设贯穿于国民经济社会发展的全过程，将主要任务与目标纳入国民经济和社会发展规划和年度计划。在制定产业政策、产业结构调整规划、区域开发规划等方面，要充分考虑生态文明建设的目标要求，探索政策、法规等战略层面的环境影响评价，加强专项规划的环境影响评价。为最大限度地降低不良环境影响，在制定对环境有重大影响的政策、规划、计划，以及实施重大开发建设活动时要组织开展环境影响评价。

（二）建立健全公众参与机制

对根河市有关生态文明建设的重大决策事项实行公示和听证，充分听取群众意见，确保公众的知情权、参与权和监督权。畅通公众诉求渠道，开通公众参与平台，接受公众监督，形成社会普遍关心和自觉参与生态文明建设的良好氛围。各类企业要自觉遵守资源环境法律、法规，主动承担社会责任。同时，鼓励非政府组织积极参与生态文明建设，开展环保宣传等社会公益活动。

（三）建立健全交流合作机制

加强交流与合作，学习、借鉴国内开通公众参与平台以及先进地区在发展循环经济、建设生态文明方面的成功经验和做法。推动国内外环保合作和科技合作，引进、消化、吸收国外先进技术、经验。把利用外资与发展循环经济和生态文明建设有机结合起来，吸引外资投资高新技术、污染防治、节约能源、原材料和资源综合利用的项目。

（四）建立投资保障机制

根河市生态文明建设要建立资金投入保障体系。首先，要增加政府对生态文明建设的投入，设立生态文明建设方面的专项资金。将生态文明建设的专项资金纳入到财政预算中，优先安排、逐年递增，重点解决生态文明建设中的基础设施建设、生态环境保护、生态产业培育、生态文化建设等方面的问题，特别是要用于优化产业结构调整，例如，发展生态旅游，加强生态旅游的宣传推广，开发和营销生态产品以及培养人才等。其次，发挥财政资源的配置职能和引导作用，建立"政府引导、社会参与、市场运作"多元可持续投资融资体系。一方面加大招商力度，引导民间资本投入生态文明建设，引进农产品加工业与旅游龙头企业投资，吸引社会力量加大对生态资源保护开发的投资。再次，调动既有的资源、资本让市民广泛参与到生态建设当中来，通过发展与根河市实地相结合的生态产业达到发展产业生态文明的目标。最后，应有效加强建设资金监管力度，建立健全有效资金使用和监管制度。严格落实专款专用、先审后拨以及项目公开招标的制度。对资金的使用全过程加强监督，严格执行追踪管理，提高资金的使用效率，对资金使用过程中的违规违纪行为实行责任追究。

三、加强执法与监管

（一）加强执法检查

健全根河市生态文明建设的执法机制，加强对生态文明建设的监督工作，加强对生态环保预算的审查制度，加强环保及生态建设执法检查。选派执法检查组组长，带队赴实地开展检查，扩大执法检查的覆盖面；注重深入基层了解实际情况，把问题找准、把症结查清。积极推进交叉执法、及时执法、告知执法、联合执法等新型执法手段。各纪检部门要切实加强对生态文明建设各项政策、措施落实情况的检查，确保决策部署落到实处。

（二）提高执法能力

严格遵守有关环境保护、生态建设的相关法律法规政策，建立保护环境、节约能源资源、促进生态经济等方面的地方法规，制定出台《根河市生态文明建设条例》及实施细则，加大执法力度，不断补充基层执法力量。进一步整合行政执法队伍，探索实行跨领域跨部门综合执法，推动执法重心下移。要坚持统筹配置行政处罚职能和执法资源，按照减少层次、整合队伍、提高效率的原则，大幅减少执法队伍种类，合理配置执法力量。同时，依法处理各类破坏生态、污染环境的案件，提高执法能力，做到规范执法、文明执法、公正执法。建立健全决策、执行、监督相互制约又相互协调的行政运行机制。

（三）加强企业监管

针对根河市主导产业类型——旅游业，进行实时监管。按季度公布各镇生态旅游市场秩序的综合水平指标数据，建立各地区生态旅游目的地警示制度，对市场秩序不健康的旅游景区景点作出警告，严重时可以责令停止接待游客。建立旅游企业访查制度，日常访查，建档立卡；建立旅游企业约谈制度，发现倾向性、苗头性问题对企业业主进行约谈，及时提醒、及时纠偏；建立旅游企业"黑名单"制度，对发生重大经营管理违规行为、重大安全事故、重大旅游投诉等行为的企业，列入诚信企业"黑名单"，向社会公开，接受社会监督；建立旅游满意度调查制度，邀请第三方机构，组织对旅游景区、旅游饭店、旅行社等进行调查测评，向社会公众通报信息，形成相互之间有序竞争的态势，有效提升整个行业的规范发展。强化旅游部门的质量监督管理职能，加强生态文明建设相关企业及监管单位的队伍建设，建立质量信息通报，申诉汇总分析等制度，聘请行业监督员，建立与生态建设建设相关的行业相结合、产业要素相结合、专家与媒体相结合的服务监督体系。

四、严格目标考核

（一）建立健全干部考核机制

建立科学的干部考核指标体系，完善干部政绩考核制度和评价标准，把生态文明建设成效纳入干部考核评价体系之中，细化量化考核指标，体现考核评价的可操作性。落实一把手亲自抓、负总责制度，各级政府对本行政区域内生态环境质量负责，推进政府任期和年度生态文明建设目标责任制，使市、镇、各部门生态文明建设的责任落到实处。

制订生态文明建设的年度计划，分解落实生态文明建设任务。由市政府与相关责任单位签订目标责任书，确保生态文明建设各项工程和任务的组织落实、任务落实、措施落实和管理落实。依据城镇生态文明建设的不同定位和有侧重的工作重点，设立科学的、差异化的生态文明建设考核体系，并将目标考核、领导干部考评及社会评价纳入综合考评体系。

建立生态文明示范工程建设决策咨询、听证制度，推进环境与发展综合决策，在做出发展和建设的重大决策时优先考虑生态环境的承载能力，切实开展政策环评、规划环评等战略性环评，对重大建设项目严把环评关，对可能产生破坏性环境影响的重大决策和重大建设项目实行环保一票否决。加强相关规划的协调、衔接，使生态文明建设的理念贯穿于区域发展各项规划。

（二）建立生态文明建设考核办法

根据根河市生态文明建设总体要求，引入绿色生态考核办法，将绿色GDP纳入考核指标体系，结合各乡镇经济社会发展水平、资源环境禀赋等因素，将考核目标科学合理分解落实，对根河市各乡镇按工业、旅游、生态、综合等进行分类考核，把生态环保、生态修复等指标纳入到干部政绩考核体系中。建立生态目标责任制和创建工作督办制度。按严守资源消耗上限、环境质量底线、生命保护红线的要求，确定生态文明建设相关的约束性指标，把生态文明建设任务完成情况与财政转移支付、生态补偿资金安排结合起来，让生态文明建设考核由"软约束"变成"硬指标"。

建立体现生态文明要求的目标体系、考核办法、奖惩机制。考核内容主要根据生态经济、生态环境、生态人居、生态文化、生态制度等方面。其中心就是将资源消耗、环境损害、生态效益纳入经济社会发展评价体系，大幅度增加考核权重，推进生态文明建设有效约束。

五、人才培养与引进

生态文明建设离不开专业人才，根河市要以生态文明建设工作为契机，抓紧培养相应的人才，选择一些业务骨干定期学习培训，提高业务素质，使管理水平和服务质量规范化、程序化和标准化。一方面，依托社区学校、市民学校、网络教育课堂等载体，开展文明素养、行为规范等主题教育活动与宣传活动，普及遵纪守法、依法维权、健康绿色生活等现代概念，使根河市民尽快融入生态文明建设中去。另一方面，开展学习型家庭、学习型社区、学习型单位的创建活动。重视城镇居民生态文明意识教育，特别是流动人口的生态文明意识教育和生态文明技能培训。从基础教育和社会培训两方面入手，着手生态型人才的培养工作。同时，重点加强人才引进政策制度的制定与完善，积极引进生态文明建设相关领域的紧缺人才。

（一）加强人才队伍建设

突出培养创新型人才，重视培养领军人才和复合型人才。建立一支具有生态保护、生态管理、生态经济等专业知识的人才队伍，包括营销人才、导游解说人才、管理服务人才、环境监测技术人才等。全面推进生态文明建设人才队伍的专业化、国际化、市场化。探索建立生态建设与生态旅游的相关人才及经理人认证制度，建立完善生态旅游职业资格和职称制度，健全职业技能鉴定体系，建立健全生态文化建设相关人才的培训制度，探索岗位培训与上岗制度、薪酬制度相衔接的有效机制。鼓励重点生态文明建设领域成立相关咨询委员会，加强规划开发、产品研发等方面的专业指导。

按照生态建设实践发展的需要，大力培养与之相关的各类人才，支持引导生态、生物、地质、环保、林学、草地学、生态学、遥感等相关专业设立与生态建设相关的课程，培养生态向导等专业应用人才。建立学校与生态建设部门、企业之间培养人才的开放式培养体系，积极探索产、学、研相结合的培训机制，加强生态建设中生态产业型技能人才的培养，组建具有生态环保意识、生态文明理念的人才队伍。

（二）完善人才流动机制

1. 建立人才流动竞争机制

坚持机会均等、竞争择优的原则，树立竞争的用人观，激励人才公平竞争，促进人才在竞争中的流动，在流动中加强竞争。在激烈的人才竞争和合理的人才流动中更多更好地识别人才、发现人才、起用人才。同时，加强人才队伍建设，实施人才培养工程，加强干部的教育培训。

2. 建立人才灵活流动机制

打破传统的户籍观念，以及档案、身份等约束，采取引智合作、兼职招聘、智力咨询、交换使用、人才租赁、人才派遣等多种有效的方式进行人力资源工作，实现人才灵活流动，人才共享的局面。

3. 建立开放的用人机制

冲破地域、体制、身份束缚等，梳理多层次、多角度的用人观念，建立公开、平等、竞争的用人机制，促进人才合理流动，既让外来人员进得来、留得住、用得活，也允许本地人员出得去、回得来。

4. 健全人才奖励机制

激励机制是激发人才干事创业的重要手段。首先要做到奖惩分明，按照工作业绩兑现考核奖励，对实绩突出的人才与干部给予应有的表彰奖励。其次是要畅通基层人才选拔渠道，选拔任用按照相关标准，严格遵照干部选拔任用程序，科学选配岗位、唯才是用。

六、加强科技支撑

（一）促进生态文明建设统计管理规范化

加强生态文明建设与根河市统计部门的合作，积极推动根河市生态建设统计工作的精准化、科学化、规范化，包括生态、环境、国土、产业等数据的统计体系不断完善。制定生态文明建设业态分类标准，确立统计相关数据框架，明确统计数据的口径及测算方法，将统计与抽样调查工作纳入到年度调查专项任务中。

（二）加强生态文明建设设备研发

把生态文明建设装备纳入到相关行业发展规划，制定完善的安全性技术标准体系，支持企业开展生态建设装备自主研发，按国家相关规定鼓励科技创新，加强生态文明建设基础配套设施建设，加快对现代装备制造业、污水处理、垃圾回收、节能减排、安全监控等先进科技的应用。鼓励企业自建或与高校院所联合共建生态文明创新研发平台，积极利用现代信息技术设备，加强对生态资源与自然环境的监控预警和监控保护。

（三）提高生态产品的科技含量

以生态项目与产品为载体，展现生态环境、资源、文化的科学内涵，加大信息技术在生态产业中的应用深度和广度。通过技术创新，将科技应用融入各类生态产品形式中，增加生态产品的科技内涵。加强虚拟现实等新技术在生态文明建设中的应用，探索重要的和敏感的生态区域的虚拟现实技术展现，优化生态体验。促进互联网与生态建设相结合，通过移动终端、门户网站、计算机应用程序促进供给与需求的有效对接，提升生态产品服务质量。

（四）增加生态文明建设的理论与实践研究

对生态文明建设学科的支持力度应不断加大，在政策、资金、项目等方面给予大力支持。研究者要加强生态文明建设基础理论的研究，指导发展实践，加强科研成果的应用转化。建立相应的生态文明建设数据库，支持研究与企业建设，建立相应的生态监测站点，及时掌握影响生态产业市场、生态建设的相关数据等。

七、推进区域合作

（一）加强国际合作

1. 驯鹿养殖的国际经验借鉴

驯鹿文化是根河市较有代表性的文化之一，驯鹿综合价值较高，但受养殖规模的限制难以形成大规模的产业链，另外驯鹿在根河市旅游行业中也起到很大的促进作用，敖鲁古雅的驯鹿文化在不断继承中也得到了国外诸多国家的支持与帮助，在驯鹿饲养过程中应不断借鉴国外相关经验。敖鲁古雅的驯鹿所处的地点具有特殊的纬度特征。驯鹿的主要食物为苔藓，敖鲁古雅乡现存的驯鹿主要是从俄罗斯引进的，近两年还从荷兰分2批引进了约145头。目前，驯鹿养殖首要问题是改良饲养饲料替换苔藓，另外还要考虑到驯鹿养殖的其他发展阻碍，如驯鹿重大疫病。对于驯鹿的饲养与生活习性的研究欧美国家给出了相关的经验，如芬兰、俄罗斯、瑞典等国家，应及时借鉴学习。

2. 旅游业的国际合作

突出根河市地缘优势，根河市是中国纬度较高的城市之一，与黑龙江省大兴安岭地区接壤，根河市距俄罗斯相对很近，因此地缘优势极佳。响应"一带一路"倡议，加强与东北亚地区其他国家的经验交流与协作，深化与其他国家有关旅游组织协作，以根河市的冷极特征为品牌突出本地区的整体形象。加强与周边国家的出入境合作，通过宣传品牌效应吸引国外游客，促进地区生态文明建设。另外，在发展旅游业过程中也需要借鉴国外相关旅游业的建设经验，不断学习，完善旅游业的相关体系建设，在吃、住、行、游、购、娱等方面吸收和接纳相关国际方面的成功案例，使之本土化，使根河市旅游业既有国际标准又有民族特色。

3. 科学技术研究合作

根河市虽然不是中心城市，但其特殊的地理位置和多样性的生物特征吸引了国内大批量的科研专家来此调查学习，通过相关农产品加工及生物研究等方面经验借鉴可以由此及彼地将各种交流拓展至其他国家，在生态建设中建立科研交流平台，充分借鉴世界各国的相关的有益经验。争取国际合作和国际资助，加大生态保护为主题的科研项目的开发和资金投入，培育一批具有国际影响力的科研产品。积极开拓国际市场，加强与国外高水平科研院所、知名企业建立科研、培训、实践合作平台，实现联合发展。

4. 生态文明建设国际合作

加强生态文明建设及其国际合作。中国走在世界前列，根河市也要紧随国家脚步。可在生态环境保护局成立专门的国际合作部门，促进生态文明建设的国际间合作与交流。首先，增进环保务实合作。通过举办研讨会、培训班、人员交流与互访、联合研究等方式，与各国优先在环保政策、能力建设、污染防治、生态恢复与生物多样性保护、环保技术交流与产业合作、绿色发展等领域分享经验，深入交流，开展务实合作，推动区域绿色发展。二是助力推动多边环保合作。发挥呼伦贝尔作为中、蒙、俄经济走廊和"一带一路"倡议的重要组成部分的优势，促进国家与各国政府部门、企业、研究机构、国际机构、政府间组织及非政府组织等作为合作伙伴和成员之间的合作与交流，推动将绿色发展理念融入"一带一路"建设。三是共享环保合作成果。根河市积极助力建设"一带一路"生态环保大数据服务平台，分享各国先进经验和绿色技术，促进平台的信息、数据、知识、惠益共享。

（二）加强国内合作

1. 区域间旅游合作

根河市地处内蒙古呼伦贝尔，与漠河、额尔古纳相连，因此在发展过程中需要不断地进行地域间相互协作。加强对生态旅游区开发建设的指导和协调，防止低水平重复建设，结合当地的产业和空间格局发展各自的特色产业（如满归打造红豆小镇、阿龙山打造松果小镇）。设计开发相关的生态旅游产品，选择生态资源富集、品牌优势显著、交通基础较好的区域，以生态功能区为单元，突破行政界线加强各地政府之间的沟通。在生态建设中不断实现跨省跨区域合作，向有相关经验的省份进行学习与借鉴，根据各自的优势，突出特色，按照"规划共绘、设施共建、品牌共创、资源共享、生态共保、优势共推、资金共担"的原则，形成跨省生态旅游线路合作。

2. 区域间产业合作

根河市特殊的地理位置为该地区同周围城市和区域进行产业经济合作提供了先决条件，因此地区间实行产业经济合作也具有一定的必要性。根河市与额尔古纳市、牙克石市、漠河市等地区地理条件、人文风俗等相近，资源优势互补，对外开放统一，因此有着广泛的产业合作基础。生态文明建设过程中应充分利用劳动地域分工理论将各地区的产业分工明确化，通过交流与洽谈等沟通手段实现劳动地域优化分工，集约劳动生产资料，节省劳动资源，发挥各地区的资源优势，对于农产品加工与深加工行业进行区域间产业协作，这样也有利于循环经济的开展以及区域间环保质量的提高。

3. 区域间文化交流合作

根河市在长期的生产生活当中形成了特有的民俗文化，这其中包括了以敖鲁古雅文化、萨满文化、森工文化、蒙元文化、北方少数民族文化、中国传统文化等多元文化为载体的文化体系特征。根河市地处中国北部，与加格达奇、额尔古纳、海拉尔、漠河、牙克石等地相邻，各地区地理民俗文化大致相同又略有差异。因此，加大各地区的文化交流有着一定的必要性。加强文化交流应做到以下几点：首先，要坚持文化效益的最大融合，既保持当地文化特色又配合周围的文化发展。提升当地文化发展的开放性与多元化、扩大敖鲁古雅文化的影响意义重大。文化交流遵循各地区文化发展的特点和规律，以适应社会主义市场经济发展的要求，实现跨区域文化长效交流机制，打破以往不成体系的文化互动困境，使得文化交流成为地区发展的纽带。其次，根河市以打造文化特色为切入点，推进文化事业传承创新发展，注重文化的挖掘和保护，始终把改革创新作为文化发展的原动力，努力挖掘、培育、打造具有传统文化历史精髓和时代特征的文化特色。

4. 生态文明建设区域合作

根河市作为呼伦贝尔市唯一获得国家生态文明建设示范市县命名表彰的地区，要积极发挥示范引领作用，加强区域合作共建。首先，可建立生态文明建设交流平台，加强与周边区域协作交流，按照"常态协作、资源共享、互助共建"的原则，建立起广泛联动的常态化合作机制，实现资源与经验共享，进一步提高工作效率，促进生态文明合作共建。其次，加强对生态文明建设的总体设计和组织领导，设立自然资源资产管理和自然生态监管机构，统一行使国土空间用途管制和生态保护修复职责，统一行使监管城乡各类污染排放和行政执法职责。这是从组织层面构建生态文明建设制度保障最为关键的步骤，也是最根本的环节。最后，签署《生态环境保护联动协议》，综合运用法律、行政、司法、宣传手段，充分发挥司法机关与行政部门、林业部门、社会公众之间的联动作用，建立健全司法机关、职能管理部门及社会公众环境保护联动工作机制，为根河市生态文明建设保驾护航。

主要参考文献

蔡拓. 1999. 可持续发展观——新的文明观[M]. 太原: 山西教育出版社.

陈洪波. 2019. 构建生态经济体系的理论认知与实践路径[J]. 中国特色社会主义研究, 4: 55–62.

陈硕. 2019. 坚持和完善生态文明制度体系: 理论内涵、思想原则与实现路径[J]. 新疆师范大学学报(哲学社会科学版), 40(06): 18–26.

封志明. 1994. 土地承载力研究的过去、现在与未来[J]. 中国土地科学, 8(3): 1–9.

高吉喜. 2001. 可持续发展理论探索——生态承载力理论、方法与应用[M]. 北京: 环境科学出版社.

高吉喜, 徐德琳, 乔青, 等. 2020. 自然生态空间格局构建与规划理论探索[J]. 生态学报, 03: 1–7.

高晓龙, 程会强, 郑华, 等. 2019. 生态产品价值实现的政策工具探究[J]. 生态学报, 39(23): 8746–8754.

高中华. 2004. 环境问题抉择论——生态文明时代的理性思考[M]. 北京: 社会科学文献出版社.

黄承梁. 2018. 新时代生态文明建设思想概论[M]. 北京: 人民出版社.

黄鼎成. 1997. 人与自然关系导论[M]. 武汉: 湖北科学技术出版社.

黄风杰. 2019. 国家湿地公园的生态规划与景观设计[J]. 现代园艺, 22: 122–123.

黄杰龙, 幸绣程, 王立群. 2018. 森林生态旅游与生态文明的协调关系及其影响因素——以湖南省为例[J]. 林业经济, 4: 56–62.

李方正, 刘阳, 施瑶, 等. 2019. 基于生态系统服务功能模拟演算的绿色空间规划框架——以北京市浅山区为例[J]. 北京林业大学学报, 41(11): 125–136.

廖福霖, 等. 生态文明学[M]. 2版. 北京: 中国林业出版社.

林坚. 2019. 建立生态文化体系的重要意义与实践方向[J]. 国家治理, 05: 40–44.

刘湘溶. 2018. 推动我国生态文明建设迈上新台阶[N]. 光明日报, 2018-06-04(11).

刘晓, 陈隽, 范琳琳, 等. 2014. 水资源承载力研究进展与新方法[J]. 北京师范大学学报(自然科学版), 50(3): 312–318.

刘燕. 2019. 生态规划在园林景观设计中的应用[J]. 现代园艺(22): 104–105.

穆虹. 2019. 坚持和完善生态文明制度体系[J]. 宏观经济管理, 12: 8–11.

彭福伟, 钟林生, 袁淏, 等. 2017中国生态旅游发展规划研究[M]. 北京: 中国旅游出版社.

彭再德, 杨凯, 王云. 1996. 区域环境承载力研究方法初探[J]. 中国环境科学, 16(1): 6–9.

任永堂. 2000. 人类文化的绿色革命[M]. 哈尔滨: 黑龙江人民出版社.

生态环境部. 2017. 国家生态文明建设示范市县指标(修订)[Z].

孙晓静. 2015. 推进县域生态文明建设的理论思考[J]. 基层建设(18): 32–34.

佟占军, 等. 2016. 农村生态环境法律研究[M]. 北京: 知识产权出版社.

王松霈. 2000. 生态经济学[M]. 西安: 陕西人民教育出版社.

吴柏海, 余琦殷, 林浩然. 2016. 生态安全的基本概念和理论体系[J]. 林业经济, 38(07): 19–26.

杨帆, 段宁, 许莹, 等. 2019. "精明规划"与"跨域联动":区域绿地资源保护的困境与规划应对[J]. 规划师: 35(21): 52–58.

杨炀. 2019. 浅谈现代林业示范园的规划与建设——以柳州市麓岭茗韵生态茶业示范区为例[J]. 现代园艺, 22: 100–102.

于庆丰, 于海波, 马哲军, 等. 2019. 迈向生态文明引领的绿色创新宜居城市典范——《怀柔分区规划(国土空间规划)(2017—2035年)》的探索与实践[J]. 北京规划建设, 06: 54–58.

张骞, 任蓉. 2019. 浅谈河流型湿地景观规划设计中的保护与利用——以宜昌市黄柏河生态湿地公园为例[J]. 现代园艺, 22: 79–80.

张坤. 2003. 循环经济的理论与实践[M]. 北京: 中国环境出版社.

张晓东, 池天河. 2001. 90年代中国省级区域经济与环境协调度分析[J]. 地理研究, 20(4): 506–515.

赵宏, 张乃明. 2017生态文明示范区建设评价指标体系研究[J]. 湖州师范学院学报, 39(01): 10–16.

赵建军. 2019. 习近平生态文明思想的科学内涵及时代价值[J]. 环境与可持续发展, 44(06): 38–41.

中共中央办公厅. 2015. 国务院办公厅关于完善审计制度若干重大问题的框架意见[Z].

钟林生, 王朋薇. 2019. 新时代生态文明建设背景下生态旅游研究展望[J]. 旅游导刊, 3(1): 9–20.

钟林生, 赵士洞, 向宝惠. 2003. 生态旅游规划原理与方法[M]. 北京: 化学工业出版社.

钟林生, 郑群明, 石强. 2005. 中国实施生态旅游认证的机遇与挑战[J]. 中国人口·资源与环境, 2: 112–116.

Shu-ming Zhao, Yi-fei Ma, Jin-ling Wang, et al. 2019.Landscape pattern analysis and ecological network planning of Tianjin City[J]. Urban Forestry & Urban Greening, 46: 1–9.

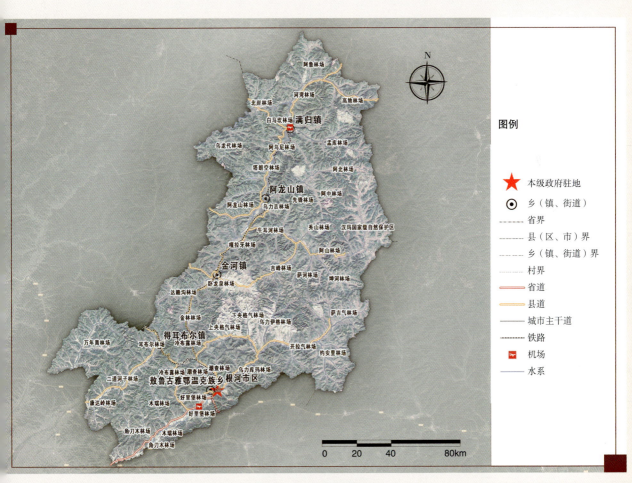

附图1　根河市交通现状

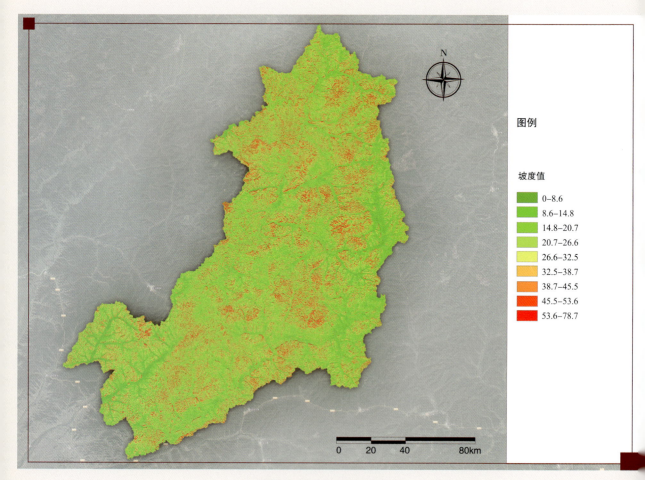

附图2　根河市地形坡度分析

附图3 根河市水系分布

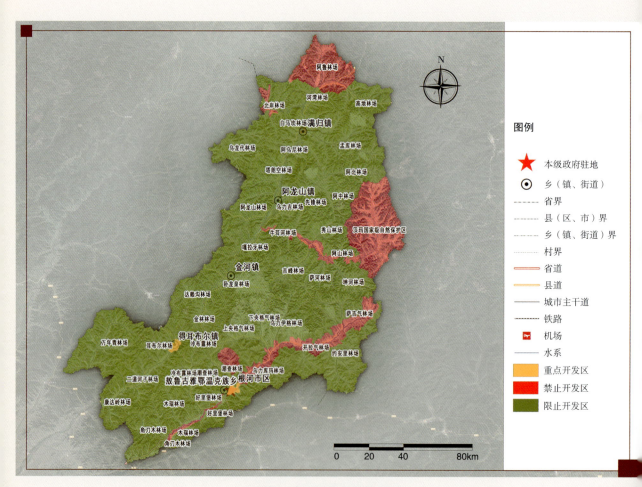

附图4　根河市主体功能区划

附图5　根河市生态文明建设空间布局

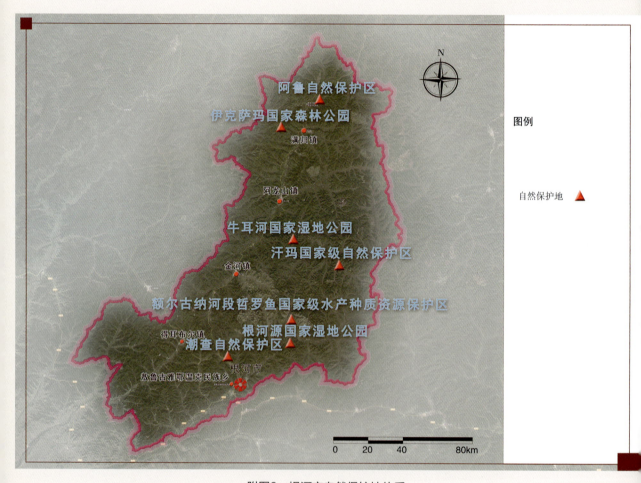

附图6 根河市自然保护地体系

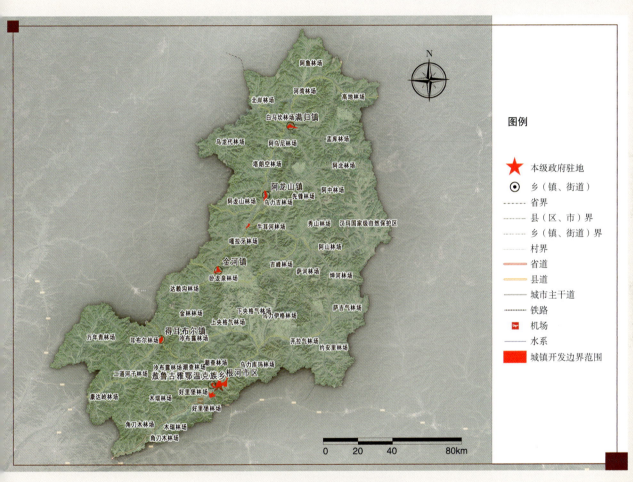

附图7 根河市城镇开发边界范围

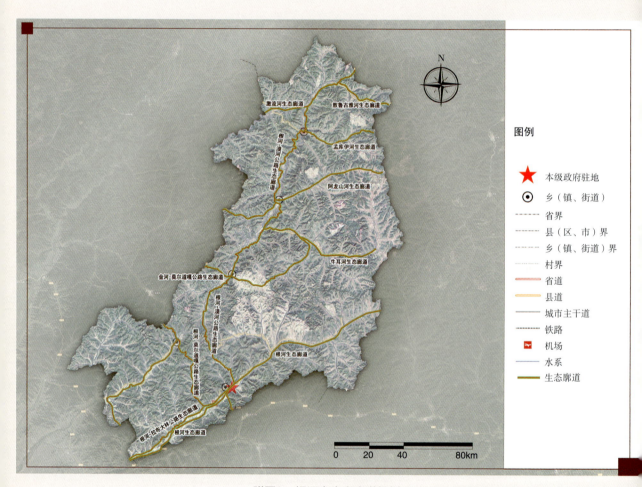

附图8　根河市生态廊道规划

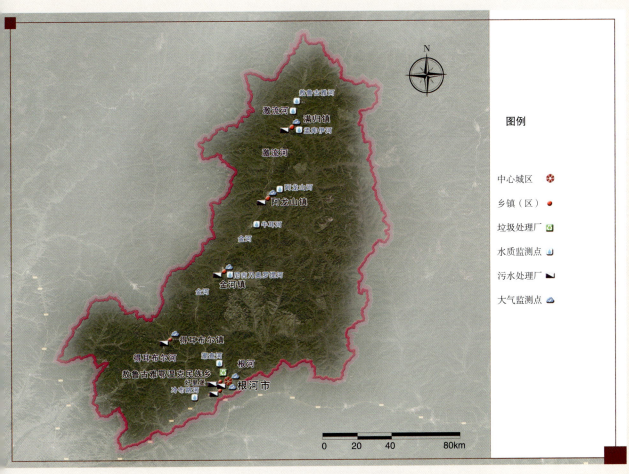

附图9 根河市环境监测站点规划

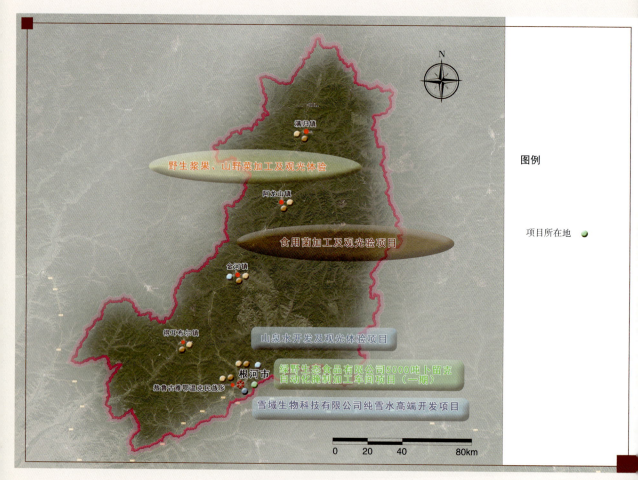

附图10 根河市绿色食品加工布局

附图11 根河市生态旅游业空间布局

附图12　根河市生态空间保护工程